国家重点图书出版规划项目 十二五

辽河流域水污染综合治理系列丛书

辽河流域水污染治理技术评估

宋永会　段　亮　主编

中国环境出版社·北京

图书在版编目（CIP）数据

辽河流域水污染治理技术评估/宋永会，段亮主编. —北京：中国环境出版社，2014.5
（辽河流域水污染综合治理系列丛书）
ISBN 978-7-5111-1460-0

Ⅰ. ①辽… Ⅱ. ①宋…②段… Ⅲ. ①辽河流域—水污染防治 Ⅳ. ①X522.06

中国版本图书馆 CIP 数据核字（2013）第 100973 号

出 版 人 王新程
责任编辑 葛 莉 刘 杨
文字编辑 曾 祯
责任校对 尹 芳
封面设计 彭 杉

出版发行 中国环境出版社
（100062 北京市东城区广渠门内大街 16 号）
网 址：http://www.cesp.com.cn
电子邮箱：bjgl@cesp.com.cn
联系电话：010-67112765（编辑管理部）
010-67113412（教材图书出版中心）
发行热线：010-67125803，010-67113405（传真）
印 刷 北京中科印刷有限公司
经 销 各地新华书店
版 次 2014 年 5 月第 1 版
印 次 2014 年 5 月第 1 次印刷
开 本 787×1092 1/16
印 张 11.5
字 数 250 千字
定 价 35.00 元

本书编委会

主　　编：宋永会　段　亮

参编人员：向连城　李　蕊　刘雪瑜　李　丛　彭剑峰

刘瑞霞　曾　萍　袁　鹏　田智勇　高红杰

韩　璐　胡　成　王　彤

序

辽河是我国七大江河之一，经济社会快速发展造成严重的水污染，流域水环境形势严峻，长期以来综合污染指数居全国七大流域前列。辽河流域集中体现了我国重化工业密集的老工业基地水体结构性、区域性污染的特征，反映了我国北方水资源匮乏地区复合型、压缩型水环境污染问题，具有污染类型多、河流高度受控、河流跨省和省内独立水系等典型性和代表性特点。

流域水污染治理需要综合手段，治理技术是核心手段之一。《国家环境保护“十一五”规划》提出要大力发展环境科学技术，以技术创新促进环境问题的解决。水环境技术评估是环境管理体系的有机组成部分，建立和完善科学、规范、客观、公正的技术评估管理制度、方法和程序，是有效实施环境技术管理的重要手段。通过环境技术管理体系建设和持续改进，与各时期环境保护发展要求有机结合，鼓励环境技术不断创新，建立符合市场经济规律、系统规范、客观公正的技术评价制度和示范推广机制，有着非常重要的意义。同时，环境技术评价、示范、推广工作体系的建立，必将对污染防治技术政策、污染防治最佳可行技术导则和环境工程技术规范等的实施，以及重大战略性环境技术示范提供强有力的机制支撑和制度保证。

《辽河流域水污染治理技术评估》一书在分析流域水污染治理技术现状的基础上，针对辽河流域的水污染物特性、排放现状及发展趋势，结合辽河流域水污染治理规划及总体目标，对重点控制单元、重点行业、重点企业的水污染治理关键技术进行分析、筛选、耦合和集成，形成针对典型行业、典型区域的辽河流域水污染控制技术集成体系。以上成果是编著者多年在辽河流域进行水污染防治技术研发和工程示范基础上完成的，内容具有很强的科学性、针对性和实用性，将进一步指导辽河流域水污染治理的持续发展。

辽河流域水污染治理技术评估研究与应用，将促进水污染防治技术的进步和转化，推动完善我国水环境技术管理体系；也将进一步增强环境管理决策的科学性，提高环境保护投资效益，规范环境保护技术评价与示范等活动。这不仅可以摆脱目前辽河流域水污染治理技术相对落后的局面，解决辽河流域水污染治理问题，促进水环境质量的改善，而且还可为国内其他流域水环境治理提供重要参考，推动提升我国水污染控制技术的整体水平。

中国工程院院士 张杰

二〇一四年二月

前　言

辽河是我国七大江河之一，历史上辽河水旱灾害频发、水污染严重、水生态恶化，多年来污染指数一直居全国七大流域前列，“九五”期间被国家纳入重点治理的“三河三湖”之一。“十一五”期间，在国家的领导支持下，流域地方加大了治理和管理力度，在国家科技重大水专项等科研项目和相关科研团队的技术支持下，辽河水污染治理取得较大进展，实现了干流水质 COD 消灭劣Ⅴ类。河流治理与生态系统修复是全球关注的焦点，为了能更好地阐述河流流域污染治理与保护理论，总结技术经验，为辽河等流域水污染防治提供持续的技术支撑，组织编写了国家“十二五”重点图书出版规划项目《辽河流域水污染综合治理系列丛书》。

针对辽河流域尚未形成完整、科学、系统的环境技术评估体系，中国环境科学研究院牵头，组织科研人员开展了相关研究，以流域典型行业水处理技术为核心，初步建立了辽河流域水污染治理技术评估体系，部分成果总结为《辽河流域水污染治理技术评估》一书。

本书根据国内外环境技术评价的要求，系统介绍了层次分析法、灰色综合评价法、模糊综合评价法、模糊与灰色集成评判法、技术成本效益分析法、环境费用-效益分析法等多种技术评价方法。根据辽河流域水污染治理重点区域辽宁省的实际情况，选取冶金、石化、医药、纺织、造纸、饮料六大典型行业，开展水处理技术的分析，并从处理效果、经济效益两个方面进行评价和整合，得出综合评价结果，提出优选水处理技术。针对技术评估过程中涉及较多的数学知识、计算量大的特点，介绍了辽河水污染治理技术评估软件的开发过程及使用方法；为简化、规范技术评估过程中水污染控制技术资料的申报，介绍了辽河流域水污染治理技术申报系统的架构及使用；为规范水污染治理技术评价过程，本书同时还介绍了研究制定的《辽河水污染治理技术评价制度》草案。

由于研究开展的时间相对较短，总结和撰稿较为仓促，加之编者水平所限，故错误和疏漏在所难免，敬请广大读者和专家批评指正。

目　录

第1章　绪 论

1.1　辽河流域

辽河是我国七大河流之一，它不仅是流域居民主要饮用水水源地，而且是沿河城市的纳污水体。辽河流域水资源和水环境是东北地区经济社会发展的命脉，也是建设良好人居环境的关键。此外，辽河流域作为东北老工业基地振兴的龙头，是辽宁省乃至全国的重要经济区，流域城市群的发展也是促进中国经济发展的重要部分。

辽河流域既集中体现了我国重化工工业密集的老工业基地结构型和区域型的水污染特点，又反映了我国北方水资源匮乏地区复合型和压缩型的水环境问题，具有多污染类型、受控型河流、跨省和省内独立水系等典型性和代表性的特征。

辽河流域总面积为 21.96 万 km^2，由辽河、浑河、太子河、大辽河水系组成（图 1-1），流域主要部分是辽宁省重工业发达的中部城市群，人口密集、工农业发达。辽河流域辽宁省境内水污染严重，20 世纪末以来综合污染指数一直居全国七大流域前列。受辽河、大辽河带入的陆源污染影响，流域绝大部分为劣Ⅴ类水质，化学需氧量（COD）、生化需氧量（BOD）、氨氮、总氮（TN）和总磷（TP）等指标均超标，盘锦、营口区域的近岸海域海水污染严重，功能区达标率低。据最新统计，辽河流域 COD 排放量为 37.8 万 t，占全省排放总量的 58.7%，环境容量仅为 20.6 万 t，排放量超环境容量 0.8 倍。氨氮排放量为 5.0 万 t，占全省排放总量的 54.7%，环境容量为 0.9 万 t，排放量超环境容量 4.6 倍[1]。

流域内大型工业群集中，重化工行业污染严重，污染物排放量超过辽宁省总量的 50.00%。2008 年，辽河流域（辽宁省内）废水排放量 12.59 亿 t，COD 排放量 30.01 万 t，氨氮排放量 3.45 万 t，分别占全省的 59.40%、40.00%和 53.70%。这直接造成了地表水质的恶化，并在一定程度上污染了地下水。日趋严重的水污染不仅降低了水体的使用功能，还进一步加剧了水资源短缺的矛盾，严重威胁到城市居民的饮水安全和人民群众的健康。

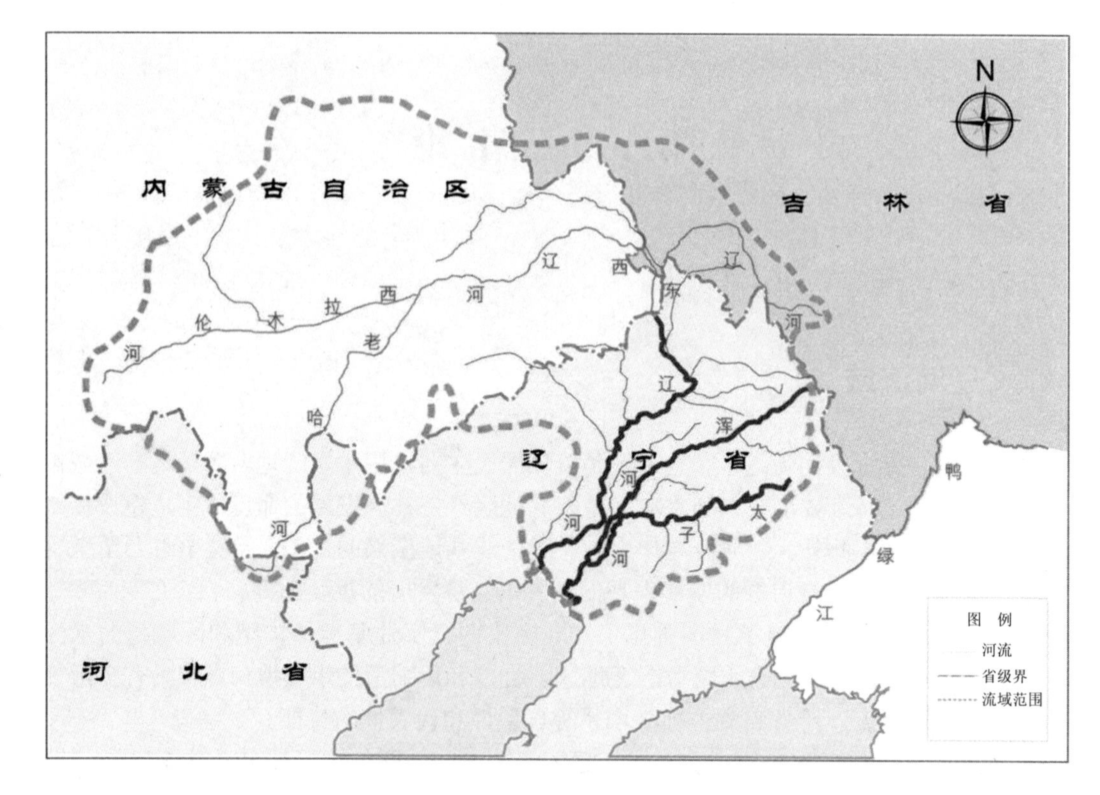

图 1-1 辽河流域水系

1.1.1 源头区水环境

2007 年，地处河流上游的吉林省四平市水源地三门水库和下三台水库能够保持III类水质，而二龙山水库水质多年来均在Ⅳ类和Ⅴ类之间，主要污染因子 TN、TP 均超过饮用水水质标准。由于流域内地表水资源缺乏，吉林省四平市区、梨树县、公主岭市等地的生活用水大部分都来自于地下水，其中农村地区以浅层地下水为主。由于农村地下水源多沿河设置，依靠河流进行补给，因此受河流污染水质的影响，部分地下水源已受到严重污染，不宜作为饮用水水源。取承压水为水源的地区，因地下水超采，均出现程度不等的地下水漏斗，尤以四平市区和公主岭市区最为严重。

2007 年统计及调查结果显示：13 个国控、省控断面中，有 8 个断面为劣Ⅴ类水质，占 53.8%，为丧失使用功能水体。其中条子河自汇合口至省界、招苏台河自四台子以下河段、东辽河辽源市区段均为劣Ⅴ类水质。严重污染造成的河水黑臭、生物绝迹现象在枯水期和平水期尤为突出。为此，辽河源头区除河流源头外，整体水质污染严重，水污染治理迫在眉睫。

1.1.2 地表水环境

辽河流域年废污水排放20多亿t，废污水排放主要集中在工业发达、人口密集的大城市，如沈阳、抚顺、鞍山、本溪等。辽河、浑河、太子河枯水期水质基本为Ⅴ类～劣Ⅴ类水质。

2003年，辽河流域6条主要河流36个干流监测断面中，77.8%的断面为Ⅴ类～劣Ⅴ类水质，5.5%的断面为Ⅳ类水质，16.7%的断面为Ⅱ类～Ⅲ类水质。其中辽河干流的监测断面100%都为劣Ⅴ类水质，属重度污染河流，辽河水系80%的支流为劣Ⅴ类水质，大辽河水系Ⅴ类～劣Ⅴ类水质占83.3%，东辽河水系的有机污染物全部超过地表水Ⅲ类水质标准。COD和氨氮是造成辽河流域污染的最重要因素。葠窝水库春季蓄水农灌，下游辽阳段几乎断流，污染物不能及时迁移；辽河、大辽河下游段为感潮河流，河流中污水团受潮流顶托长时间回荡，仅依靠扩散降低浓度，加剧了河流污染程度。

20世纪80年代以来，海域发生赤潮，呈现出频繁、持续时间长、范围广和面积大的特点，面积在100 km^2以上的赤潮已不鲜见。1999年7月，辽东湾海域发生的赤潮，面积达6 300 km^2，是我国历史上记载的最大一次赤潮。1981年以来，大连湾发生赤潮现象8次，造成了贻贝大量死亡和浅海浮筏养殖品种大面积死亡。

辽河流域主要的水库二龙山水库常年平均为Ⅳ类～Ⅴ类水质，个别时段为劣Ⅴ类水质，已经基本失去了饮用水供水的功能。浑河、苏子河的TP、TN污染问题造成了大伙房水库水质的超标。2004年，碧流河、汤河水库为Ⅲ类水质，柴河水库为Ⅳ类水质，大伙房、观音阁、闹德海、清河4座水库为Ⅴ类水质，葠窝水库为劣Ⅴ类水质，主要的污染因子为TN和TP。

1.1.3 地下水水质

水质污染造成大量的地表水资源不能满足城市用水的水质要求，因此许多城市用水主要依赖于地下水的开采。大量的地下水开采又造成城市地下水位降落漏斗的出现，严重的甚至出现了地面沉降的现象。地下水（尤其是傍河取水地区和浅层地下水）由于在开采条件下，受到污染的地表水的大量补给，导致地下水已经出现不同程度的污染。

对辽河流域10个城市219个站点的地下水水质进行分析，辽河流域地下水的主要污染因子是总硬度、高锰酸盐指数（COD_{Mn}）、氨氮、铁和锰。营口、锦州、沈阳等城市的地下水硬度超出Ⅲ类水质标准1倍以上；辽阳、沈阳、铁岭和鞍山等城市的COD_{Mn}超标；80%城市的氨氮浓度都严重超标；80%城市的铁离子浓度严重超标；70%城市的锰离子浓度超标。

浑太河沿岸地下水单项指标水质都在Ⅳ类～Ⅴ类，并且地下水污染亦呈现离河越近污染越重的特点。受已污染地表水补水的影响，沈阳、辽阳部分地下公用水源受到污染，铁岭、鞍山农村部分居民地下饮用水水源受到污染。

辽河流域城市群是我国重化工工业基地之一，工业门类齐全、工艺水平差异大。虽然近年来加大了工业污染防治力度，解决了一批行业和企业的污染问题，但一些行业、企业由于清洁生产技术落后、原材料消耗高、排污量大，污染依然突出。流域水污染重点行业主要有造纸、冶金、啤酒、制药、石化、印染六大行业[2]。最新数据显示：6个重点行业 COD 排放量为 8.06 万 t，占辽河流域工业排放总量的 57.8%；氨氮排放量为 1.14 万 t，占辽河流域工业排放总量的 69.4%[3]。

❖ 造纸行业：辽河流域造纸行业 COD 排放量 3.45 万 t，占辽河流域工业排放总量的 25.1%；氨氮排放量 0.02 万 t，占辽河流域工业排放总量的 1.2%。
❖ 冶金行业：辽河流域冶金行业 COD 排放量 1.95 万 t，占辽河流域工业排放总量的 14.2%；氨氮排放量 0.93 万 t，占辽河流域工业排放总量的 56.7%。
❖ 啤酒行业：辽河流域啤酒行业 COD 排放量 0.89 万 t，占辽河流域工业排放总量的 6.4%；氨氮排放量 0.11 万 t，占辽河流域工业排放总量的 6.7%。
❖ 制药行业：辽河流域制药行业 COD 排放量 0.92 万 t，占辽河流域工业排放总量的 6.6%；氨氮排放量 0.03 万 t，占辽河流域工业排放总量的 1.83%。
❖ 石化行业：辽河流域石化行业 COD 排放量 0.35 万 t，占辽河流域排工业放总量的 2.5%；氨氮排放量 0.03 万 t，占辽河流域工业排放总量的 1.8%。
❖ 印染行业：辽河流域印染行业 COD 排放量 0.41 万 t，占辽河流域工业排放总量的 3.0%；氨氮排放量 0.02 万 t，占辽河流域工业排放总量的 1.2%。

“九五”以来，辽河流域就被纳入国家重点治理的“三河”之一。经过十几年治理，积累了大量流域水污染防治的经验和教训。辽河流域治理虽然已投入了大量人力、物力和财力，但是流域的污染状况并未得到根本改善，严重制约了流域社会经济发展，威胁着流域 2 000 多万人的饮用水安全。

根据《辽宁省国民经济和社会发展第十二个五年规划纲要》，到 2015 年，地区生产总值年均增长 11%。如果流域不采取积极有效的措施，辽河流域经济快速增长将带来更大的水环境压力，流域水环境形势将更加严峻。

1.2 环境技术管理

环境技术管理是指国家为保障实现节能减排和环境保护的目标，指导全社会在生产和生活中采用先进的环境技术，提高环境污染防治和生态保护的效果，引导环境技术和环保产业的发展，支撑环境监督执法、环境影响评价、环境监测、环保标准修订等管理工作，对环境技术进行评估、示范、推广和规范等活动的总称，是环境管理体系的重要组成部分（图 1-2）。

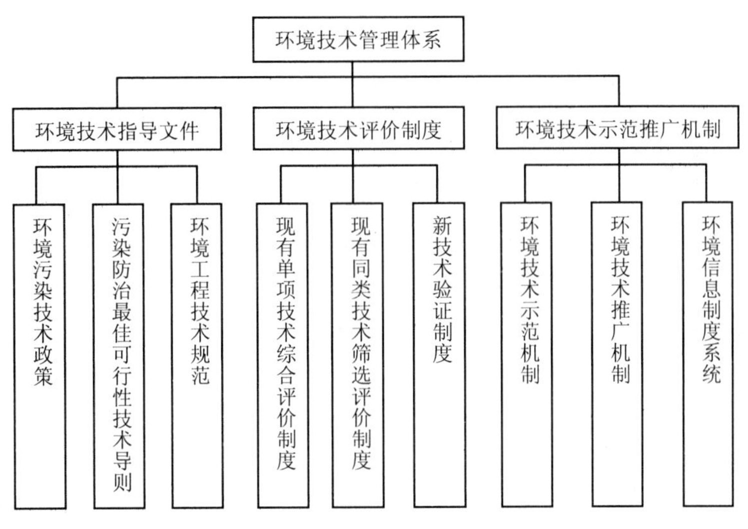

图 1-2 环境技术管理体系构成

1.2.1 我国环境技术管理现状

我国环境保护事业经过 30 多年的发展，目前已经建立起相对完善的环境管理政策、法规体系、环境标准体系，实施了一系列环境管理制度。

20 世纪 90 年代初，为了适应环境管理的需要，国家环境保护局开始对环境技术进行管理。首先集中体现在对现有治理技术的筛选上，"七五"期间汇编了《1990 年国家科技成果重点推广计划》环境保护项目目录。1992—2003 年，全国各省市环保局和国务院各部门、行业协会共推荐了 2 418 项环境保护实用技术。通过专家评审和筛选，共选出 1 024 项国家重点行业环境保护实用技术进行推广。"八五"期间，随着国家科技攻关重点的调整，技术管理重点放在了污染物防治技术的开发上。"九五"期间，国家环境保护总局开始制定污染防治技术政策，促进了相关领域环保治理技术及产业的发展。"十五"期间，国家环保总局开始组织实施了一系列环境污染防治技术管理工作，先后发布了印染行业废水、危险废物、燃煤二氧化硫、柴油车、摩托车、制革毛皮工业等 15 项污染防治技术政策；制定了医疗废物集中焚烧处置工程技术规范、医疗废物高温蒸汽集中处理工程技术规范、火电烟气脱硫工程技术规范等 12 项技术规范；制（修）订了 90 多项环境保护产品技术要求和 70 多项环境标志产品技术要求。

综上所述，我国在环境技术管理方面已经开展了大量工作，主要集中在最佳实用技术的筛选和发布，制定技术政策、工程技术规范和技术要求等方面。

1.2.2 国外环境技术管理现状

发达国家十分重视环境技术管理在环境保护工作中的重要作用。美国于 20 世纪 70 年代就开展了系统的技术管理工作，并通过立法加以明确。欧盟为促进综合污染物防治也提出了处理污染物防治最佳可行性技术体系。

美国环保局针对现有污染源、常规污染物、非常规污染物和新污染源，要求企业分别采用现行最佳控制技术（Best Practicable Technology Currently Available，BPT）、最佳常规污染物控制技术（Best Conventional Pollutant Control Technology，BCT）、污染物防治最佳可行性技术（Best Available Technology Economically Achievable，BAT）和最佳示范技术（Best Available Demonstrated Control Technology，BADT），并以控制技术为依据制定颁布了 50 多个行业的工业废水和城市污水排放限值指南和标准。美国的技术管理体系已成为贯彻《清洁水法》和《清洁空气法》最重要的政策和措施之一。

1996 年，欧盟在综合污染防治（IPPC）指令 96/61/CE 中提出了建立污染防治最佳可行技术（BAT）的要求，并由欧盟委员会工作小组和各成员国共同起草 BAT 参考文件，从 1999 年开始用于新建措施，到 2002 年，欧盟的 BAT 体系已经基本建设完成，并在各行各业建立起相应的 BAT 参考文件，开始发挥其指导作用。期间，各成员国也相继以 BAT 参考文件为基础，构建起符合各自具体国情的 BAT 体系，到 2007 年，所有现存设施都应达到其要求，届时会有 60 000 个环保措施采用 BAT 技术。其他欧洲国家也开始建立各国的 BAT 体系，从 2002 年起，俄罗斯在新的环境法规中已经决定采用 BAT；保加利亚也在 2003 年采纳了 IPPC 指令，确定了 BAT 的指导地位。

综上所述，发达国家十分重视技术指南、技术评价等环境技术管理对环境保护和污染治理达标的重要作用，而且成功地制定和运用了以污染防治最佳可行技术（BAT）和技术评价为核心的环境技术管理体系。环境技术管理已成为国家环境管理的一个重要方面，在环境污染治理和实现环境保护目标上发挥了重要作用。[4]

1.2.3 我国环境技术管理存在的问题

一是我国环境技术管理虽然做了大量工作，但仍处于分散和无序的状态，过去开展的环境保护最佳实用技术筛选由于评价制度不完善、评价机制不健全等原因，尚未形成完整、科学、系统的环境技术管理体系，远不能满足环境监管、科技进步和环保产业发展的要求。

二是由于种种原因，国家多年未开展环境技术评估和规范制定等工作，导致环境技术评价、推广、应用等出现重复、混乱的局面，不能满足节能减排、强化管理、稳定达标等工作的迫切需求。

三是目前已开展的环境技术管理工作与发达国家仍有较大差距，技术评价方式亦有待提高。

第六次全国环保大会提出，做好新形势下的环保工作，关键是要加快实现三个转变。其中一个重要转变就是，环保工作必须尽快实现从主要用行政办法保护环境转变到综合运用法律、经济、技术和必要的行政办法解决环境问题。2006 年，召开了全国环保科技大会，明确提出要全面实施环境科技创新建设三大工程，其中之一即为环境技术管理体系建设工程。可以看出，我国的环保战略已发生了重大变化，技术手段已上升到与法律、经济、行政手段同等的地位，全面依靠科技创新和技术进步已经成为新时期环保工作的基本方针之一。[5]

当前，无技术可用、有技术不用、技术含量不高、污染治理设施低水平重复建设、企业排污达标不稳定等问题较为突出。究其原因，从环境技术管理来看，主要与技术混乱、评估不科学、推广不力和管理缺失密切相关。要改变这种状况，必须建立符合市场经济和环保工作规律的国家环境技术管理体系，引导环保产业，推动循环经济发展。

建立环境技术管理体系是实现“十一五”环境目标的客观要求，是现代环境管理理念与制度的重大发展，是实施环境管理制度的重要技术保障，是环境标准制定与实施的技术支撑。评价和筛选先进的环境技术需要建立环境技术评价制度和示范推广机制。

1.2.4 环境技术评价

目前我国环境技术评价主要采用政府部门主持、专家会议评审的单一模式；重点实用技术的评审，也停留在简单地对自愿申报的各项技术进行专家评选的工作方式。这种传统的专家评审的方法和制度，由于受到专家资源、专家学识和经验的局限以及监督制约机制不健全等方面的影响，难以保证评审结果的科学合理性和客观公正性。同时，由于多年来缺乏针对行业整体污染防治技术的评估，现行工作方式已不适应环境技术管理制度建设和实施的要求。

环境技术评价制度是环境管理体系的有机组成部分，建立并完善科学、规范、客观、公正的技术评价管理制度、方法和程序，是有效实施环境技术管理的重要手段。通过环境技术管理体系建设和持续改进，鼓励环境技术不断创新，建立能与各时期环境保护发展要求有机结合，符合市场经济规律、系统规范、客观公正的技术评价制度和示范推广机制有着非常重要的意义。[6] 同时，环境技术评价、示范、推广工作体系的建立，必将对污染防治技术政策、污染防治最佳可行技术导则和环境工程技术规范的实施以及重大战略性环境技术示范提供强有力的机制支撑和制度保证。

环境技术评价制度建设的重点任务是在现行专家技术评审、论证、验收等工作的基础上，借鉴发达国家环境技术评价制度的成功经验，结合我国情况，以现有单项技术综合评价制度、现有同类技术筛选评价制度和新技术验证制度为核心，建立完善我国环境技术评价制度，开展环境技术的筛选、评价与评估，为环境管理科学决策服务。

本研究内容主要涉及单项技术综合评价制度和现有同类技术筛选评价制度。

建立现有单项技术综合评价制度主要是在现行专家技术评审、论证、验收等工作的基础上，以费用效益分析为基础，综合考虑技术的环境、经济、社会效益，对现有可行技术进行评价。

环境技术评价制度的另一个重要环节就是建立现有同类技术筛选评价制度。包括建立评价方法和体系，制定评价指标体系和同类技术比选方法，重点制定适用于不同的污染控制工艺技术（设备）筛选、评价的方法、程序和标准。建立以费用效益分析为基础，能够客观反映技术有效性、可靠性、经济性、环境效益等的同类技术筛选和评价制度、机构和评估队伍，规范技术评价行为。

1.3 研究背景

为实现中国经济社会又好又快发展，调整经济结构，转变经济增长方式，缓解我国能源、资源和环境的“瓶颈”制约，根据《国家中长期科学和技术发展规划纲要（2006—2020 年）》，我国“十一五”期间启动实施 16 个重大科技专项，其中之一的“水体污染控制与治理”专项（简称“水专项”）旨在为中国水体污染控制与治理提供强有力的科技支撑，“十一五”期间研发重点是“控源减排”技术，以期为国家实现 COD 减少 10%等环境治理目标，以及为今后环境管理提供科技支撑。

水专项的总体目标是：围绕国家经济社会发展战略需求，针对我国水体污染控制与治理的关键科技“瓶颈”问题，通过理念创新、技术创新和管理创新，构建我国流域水污染控制与治理技术体系和水环境管理技术体系，开展典型流域和重点地区的综合示范，提升国家流域水环境管理水平、污染综合防治技术能力和经济社会的可持续发展能力，为国家流域水环境综合整治和饮用水安全保障提供可行的技术与经济支撑。以控制污染源排放、改善水环境质量、保障饮用水安全、形成以监控预警能力领域的技术创新为重点，突破关键技术，实现科技创新与技术集成创新，大幅度提高我国水污染控制与治理自主创新水平和综合技术能力；选择重点流域和地区开展关键技术和经济政策综合集成与应用，开展水污染控制与治理综合示范；构建共性技术研发平台以及重点流域、重点地区监管技术平台。

辽河流域是水专项最重要的示范区之一，六大专项主题之一的河流主题在辽河流域设立了“辽河流域水污染综合治理技术集成与工程示范”项目（2008ZX07208），“辽河流域水污染控制总体方案研究”课题（2008ZX07208-001）是该项目中 10 个课题之一。课题针对辽河流域水环境特征及水污染特点，在辽河流域水环境质量演变及其驱动力研究的基础上，开展结构减排、工程减排、管理减排方案研究，构建流域不同控制单元、不同行业及全流域污染控制方案。

课题下设 5 个子课题：

- ❖ 子课题一：辽河流域水环境质量演变及其驱动力研究；
- ❖ 子课题二：辽河流域产业结构调整与布局优化减排研究；
- ❖ 子课题三：辽河流域水污染治理技术集成体系；
- ❖ 子课题四：辽河流域水污染减排管理技术与方案；
- ❖ 子课题五：辽河流域水污染控制综合决策支撑平台。

课题承担单位为辽宁省环境科学研究院，参与单位包括中国环境科学研究院，辽宁省污染源普查办，沈阳大学，东北大学，辽宁省政府发展研究中心，沈阳、铁岭、抚顺、辽阳、鞍山、营口、本溪、盘锦 8 个地市环境科学研究院所以及大连理工大学、中国科学院生态环境研究中心、北京交通大学、沈阳建筑大学等。课题主要研究内容为：探明流域水环境污染特征及其成因，提出流域水污染控制总体方案；配合地方环境治理规划，提出针对辽河流域典型重污染行业的水污染控制和治理行动方案；初步形成一套适合辽河流域各行业的水污染治理技术，有效改善辽河流域水污染状况。

本书内容属于该课题之子课题三："辽河流域水污染治理技术集成体系"，主要任务是研究分析流域水污染治理技术的现状，针对辽河流域的水污染物特性、排放现状及发展趋势，结合辽河流域水环境污染治理总体规划及目标，对重点单元、重点行业、重点企业的水污染治理的重点技术、关键技术进行分析、筛选、耦合和集成，形成针对典型行业、典型区域的辽河流域水污染控制技术集成体系及最佳技术可行性报告，进一步指导辽河流域水污染治理的可持续发展，同时也为其他流域的水污染治理工作提供技术参考。

要完成上述目标，首先需要利用综合评价方法完成对现有技术的评价。评价是决策的基础，技术评价是技术集成及确定最佳可行技术必不可少的重要步骤。

现实社会生活中，对一个事物的评价常常要涉及多个因素或指标，评价是在多因素相互作用下的一种综合判断，评价的依据是指标。由于影响评价事物的因素往往是众多而且复杂的，如果仅从单一指标上对被评价事物进行评价不尽合理，因此往往需要将反映评价事物的多项指标的信息加以汇集，这就是多指标综合评价。它有以下几个特点：评价包含了若干个指标，这些评价指标分别说明被评判事物的不同方面；评价方法最终要对被评判事物做出一个整体性的评判，用一个总指标来说明被评价事物的一般水平。随着所需考虑的因素越来越多，规模越来越大，对评价工作本身的要求也越来越高，要求它克服主观性和片面性，体现出科学性和规范性。而且当前的评价工作不但要考虑结构化、定量化的因素，还需要考虑大量的非结构化、半结构化、模糊性和灰色性的因素。

1.4 研究目的与意义

针对辽河流域的水污染物特性、排放现状及发展趋势，结合辽河流域水环境污染治理总体规划及目标，对流域内重点单元、重点行业、重点企业的水污染治理技术进行分析、筛选、比较和评价，获得适用于该单元、该行业的优选技术，为技术决策者提供有力的理论依据，从而以更低的成本达到更好的水处理效果，实现资源的优化配置。

研究结果对辽河流域的水处理技术决策有着重要的指导意义，并可对其他流域的相关研究提供可靠的理论依据。在下一阶段的研究中，如能将研究成果在全国范围内有针对性、有具体性地推广，将对国内水处理无技术可用、有技术不用、技术含量不高、污染治理设施低水平重复建设的现状起到重要的改善作用，促进污水处理领域的进步，引导环保产业发展。

1.5 研究内容与技术路线

针对辽河流域工业密集的现实情况，确定分行业总结现行典型水处理技术，简要分析水处理技术工艺流程，集成近年水处理实际数据的研究思路；根据进、出水 COD 浓度等重要指标，利用多种综合技术评价方法对集成技术进行评价，并根据评估结果总结出 1、2 种该行业处理效果优良的水处理技术。具体研究内容如下：

结合辽河流域水环境特征及水污染物特性，确定以冶金、石化、制药、纺织、造纸、饮料六大典型工业行业的水处理技术为研究对象；确定以辽宁省河流流向划分的太子河单元、大辽河单元、浑河上游单元、浑河沈抚单元、辽河河口单元、辽河上游单元为研究范围。

根据辽河流域水污染的实际情况，综合数据信息，确定 COD 去除率、BOD 去除率、氨氮去除率、挥发酚去除率等为技术处理效果指标，确定初始投资、年运行维护费用、设备使用寿命等为技术经济指标，处理效果指标与技术经济指标共同构成技术评价指标体系，对水处理技术进行综合性的评价。

根据国内外环境技术评价的要求，综合考虑现有研究成果，采用技术效益分析法、模糊与灰色集成评判法、灰色综合评判法等多种方法进行多层次的技术评估。

总体来讲，利用选取的评价方法，从指标体系出发，考核研究范围内的研究对象情况并进行评价，从而给出技术的优劣次序，综合考虑工业企业实际情况，给出该单元、该行业的优选技术。

以 Visual C#为开发平台，以 Microsoft Access 为数据库环境，建立辽河水专项技术评估软件系统。该软件系统能够按照处理成本低、处理效率高等要求，对造纸废水处理技术进行评价，并可以依照不同用户的需求，以 Microsoft Word 或 Microsoft Excel 形式输出评价结果。该软件系统还具有查询和数据输入、输出功能。用户可以通过查询功能了解废水处理工艺和技术评价方法与模型公式。数据输入、输出功能支持用户将输入的数据以标准表格的形式输出备份。同时开发辽河流域水污染处理技术网上申报系统。

辽河流域水污染治理技术集成体系研究技术路线如图 1-3 所示。

1.6 辽河流域水污染治理技术评估与集成体系

水环境技术评估是环境管理体系的有机组成部分，建立完善科学、规范、客观、公正的技术评估管理制度、方法和程序，是有效实施环境技术管理的重要技术手段。本研究以国内外现有环境技术评价管理办法为基础，结合国家相应环境保护政策，建立指导、调节、推动辽河流域水污染防治技术评估活动的组织形式、管理方法、评价手段、政策制度等，形成了一套系统、完善的辽河流域水污染治理技术评估与集成体系（图 1-4）。

支撑辽河流域水污染治理技术评估与集成体系的关键技术包括环境技术评估指标体系识别与建立技术、辽河流域行业污水治理技术评价模型、辽河流域水污染治理技术评估软件、辽河流域水污染治理技术申报平台、水污染控制技术评价制度建立技术等，本书后续章节将逐一介绍。

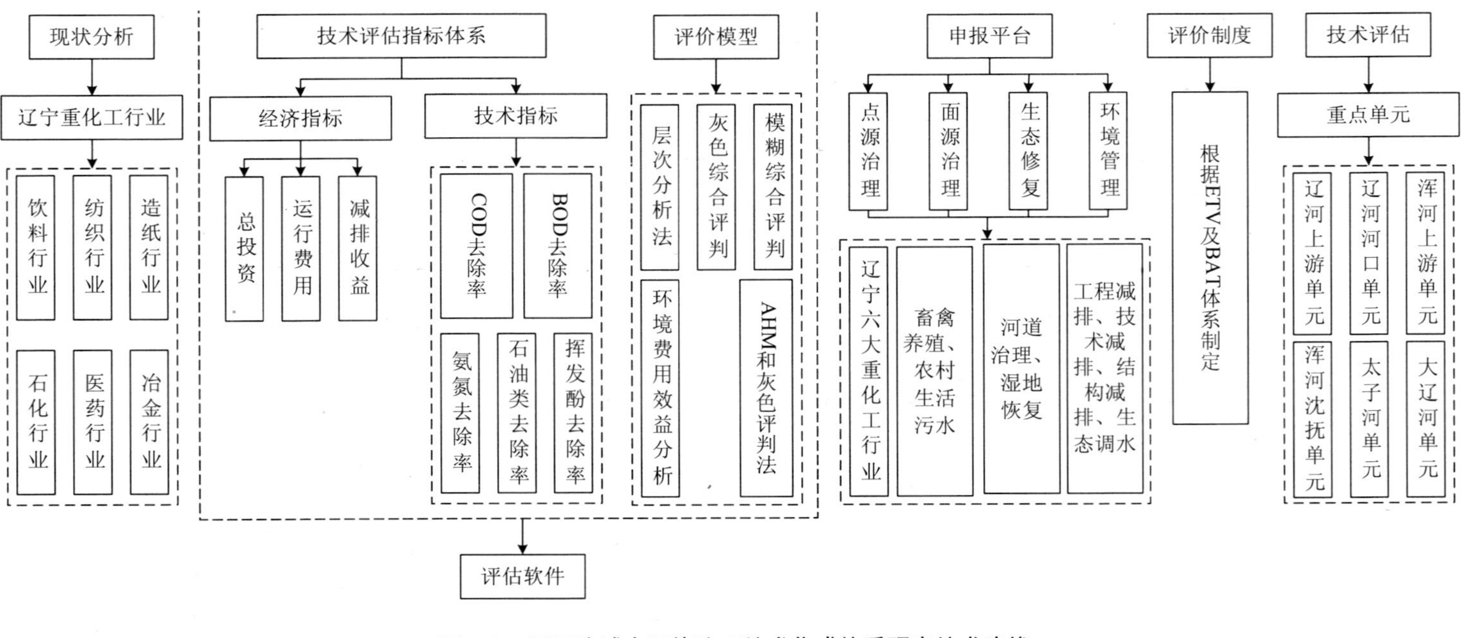

图 1-3 辽河流域水污染治理技术集成体系研究技术路线

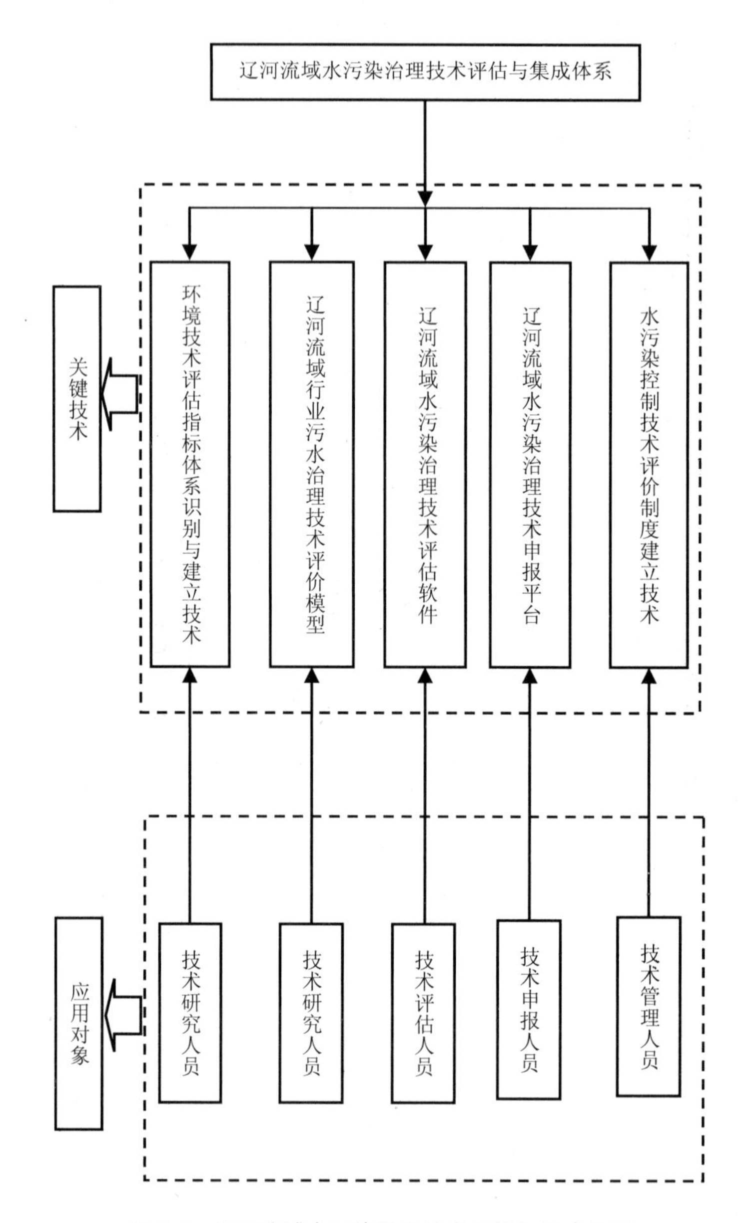

图 1-4 辽河流域水污染治理技术评估与集成体系

第2章　技术评价方法

从系统工程观点来看，评价问题从本质上来讲是一个优先方案多目标决策问题。以工业经济效益评价为例，目前，我国评价工业经济效益使用多个经济效益评价指标，如净产值率、固定资产产值率、资金利税率、销售利润率、定额流动资金周转天数等。使用指标体系评价的方法能够在一定程度上克服单项指标的局限性，提高评价的全面性和科学性，但由于同时使用多个指标，经常会发生不同指标之间相互矛盾，从而影响评价对象时间和空间整体对比情况。具体到对企业经济效益进行综合评价，通过这些评价指标虽然可以从不同角度对工业经济效益进行考核，但由于有多个评价指标，而且评价指标每年度的变化方向又常常相互冲突，因而给经济效益的综合评价和排序比较带来很大的难度。

技术评估和比选是通过对所有技术指标参数的信息进行综合，进而比较被选技术优劣的程序。技术评估比选中存在着很多的影响因素。采用科学而实用的分析方法，正确分析和评价水污染控制技术的变动态势和影响其变化的主要因素，通过严格而客观地计算、准确地认定技术资产的成交价格与价值量，即成本与效益，最大限度地实现技术资产的商品价值，从而以最低的成本、最简捷的途径达到水污染控制的最佳效果。

目前常用的技术评价方法包括专家评审、产品认证（合格评定）及环境技术评估。专家评审法由于受专家知识面限制、无统一评价标准、易受人为因素影响等局限性，已不能满足当前的技术评价现状。产品认证由于国家或行业标准缺乏、费用支出较高等因素，目前并没有进行大规模推广。环境技术评估由于评价结果的科学性、公正性好，以及定量与定性评价相结合等优势，已成为技术评价的主要方法。具体各方法的特点见表 2-1。

尽管有些学者曾探索使用主成分分析法、层次分析法、聚类分析法、DEA 方法和模糊综合评价法等来对工业经济效益进行排序比较，但这些方法都没能在实际评价工作中得到推广和应用。究其原因主要是经济效益评价指标间的加权系数难以确定。过去通常用的是简单加权法和专家调查法，但是在这种方法中，存在着人为主观因素主导的问题。为了更好地解决加权系数（权重值）的赋值问题，避免过多的主观因素的干预，在水污染控制技术的评价工作中，应该采取层次分析法、灰色综合评价法和模糊综合评价法 3 种方法。

表 2-1 不同环境技术评价方法比较

评价方法		主要目的	评价对象	评价模式	应用领域	特点	局限性
专家评审	成果鉴定	评价环境科技成果的技术水平，推动技术进步	技术创新成果，科研及软科学成果	专家鉴定会，专家函审	政府计划项目验收	同行专家评审，可对成果水平作出综合评价	受专家知识面限制；无统一评价标准，易受人为因素影响；对评价结果没有明确责任人
	多项目评审	筛选评价技术先进、实用、可行的优秀技术	实用技术，创新技术及新产品	专家评审会	政府计划项目的评审；科研成果评奖；招投标评审	同行专家评审，可对多项技术进行评估	
产品认证（合格评定）	环境标志认证	引导绿色消费，促进传统产业升级	已商业化的环境友好产品	工厂条件检查+产品检验+认证后的监督检查	环境友好产品消费市场	采用国际通行模式进行自愿性、第三方认证	需有国家或行业标准，程序复杂，费用支出高，存在市场风险
	环保产品认证	引导、规范市场，促进产业发展	已商业化的污染治理产品和仪器		污染防治产品市场		
环境技术评估	加拿大模式	促进中小企业的环境技术进步	企业自主开发的具备商业潜力的创新环境技术	根据规范对数据进行统计学处理，对自我声明的技术性能进行确认	污染防治和环境友好的技术、产品市场	自愿性、第三方机构评估，不需对技术制定规范，以定量评价为主	程序复杂，费用高，只适合单项技术评估，结果仅针对技术性能
	美国模式			根据特定技术的技术规范和测试规范进行		自愿性，可保证评估结果的唯一性	程序复杂，需分别制定评估规范，工作量大
	多项技术评估	筛选同类技术中的最佳可行技术	主要为已商业化的各类环境技术	利用评价因子，通过数学模型，对技术进行综合评价	适用于多项技术的筛选	定量与定性评价相结合，结果科学性、公正性好	需选择适当的模型，评价因子的确定需由专业人士进行

2.1 层次分析法

2.1.1 方法介绍

层次分析法（Analytic Hierarchy Process，AHP）的基本思想是将一个复杂的问题按某一原则分解成多个因素，并按一定的关系将这些因素分组，从而形成一个有序的递阶层次结构模型，再通过两两比较的方式确定层次中各个因素的相对重要性，然后综合判断，从而确定各个因素的相对重要性的总排序。[7]

2.1.2　数学模型

层次分析法可分为以下 4 个步骤：

第一步：明确问题，建立层次结构

首先要对问题有明确的认识，弄清问题的范围、所包含的因素及其相互关系，以及解决问题的目的等，然后分析系统中各决策方案之间的关系，建立系统的递阶层次结构模型：目标层、准则层和方案层。需要时，还可以建立子准则层。[8]

第二步：构造判断矩阵

对同一层次的各个因素关于上一层中某一因素的重要性进行两两比较，进而构造判断矩阵。例如，某一层次的各个因素 B_1，B_2，…，B_n 对上一层中某一因素 A 的相对重要性，用两两比较法得到判断矩阵 $\boldsymbol{A}=(a_{ij})_{n\times n}$，其中 a_{ij} 取值如表 2-2 所示。[9]

表 2-2　判断矩阵元素 a_{ij} 取值

B_i 比 B_j	相同	稍强	强	很强	绝对强	稍弱	弱	很弱	绝对弱
a_{ij}	1	3	5	7	9	1/3	1/5	1/7	1/9

通常，a_{ij} 可取 1，3，5，7，9 以及它们的倒数作为标度；2，4，6，8 为上述相邻判断的中值。

判断矩阵又称正互反矩阵，并且满足：$a_{ii}=1$，$a_{ij}=1/a_{ji}$，i，$j=1$，2，…，n。

第三步：层次单排序及其一致性检验

在得到判断矩阵 $\boldsymbol{A}$ 后，可以求出判断矩阵 $\boldsymbol{A}$ 的最大特征值$\lambda_{\max}$，再利用特征方程 $\boldsymbol{AW}=\lambda_{\max}\boldsymbol{W}$ 解出相应的特征向量 $\boldsymbol{W}$，然后将求出的特征向量 $\boldsymbol{W}$ 作归一化处理，得到的解即为同一层次的各个因素相对于上一层次中某一因素的重要性权重。[10]

特征向量 $\boldsymbol{W}=(w_1，w_2，\cdots，w_n)$ 的近似算法常采用和法。

（1）将判断矩阵 $\boldsymbol{A}$ 的每一列作归一化处理，得到判断矩阵 $\boldsymbol{B}=(b_{ij})_{n\times n}$，然后按 $\boldsymbol{B}$ 的行求和，即：

$$w_i=\sum_{j=1}^{n}b_{ij}\quad i=1，2，\cdots，n \tag{2-1}$$

式中，$b_{ij}=\dfrac{a_{ij}}{\sum\limits_{k=1}^{n}a_{kj}}$　i，$j=1$，2，…，n。

（2）计算判断矩阵 $\boldsymbol{A}$ 的最大特征值$\lambda_{\max}$：

$$\lambda_{\max}=\frac{1}{n}\sum_{i=1}^{n}\frac{(\boldsymbol{AW})_i}{w_i} \tag{2-2}$$

式中，$(\boldsymbol{AW})_i$ 表示 $\boldsymbol{AW}$ 的第 i 个分量。

在构造判断矩阵 $\boldsymbol{A}$ 后，还必须检验一致性。

用来衡量判断矩阵不一致程度的数量指标称为一致性指标，记为 CI，定义为：

$$CI=\frac{\lambda_{\max}-n}{n-1} \tag{2-3}$$

当 CI=0 时，判断矩阵是一致的；CI 的值越大，判断矩阵不一致程度越严重。为了确定仍可以使用层次分析法的判断矩阵不一致程度范围，我们引入随机一致性指标 RI：

$$RI=\frac{\overline{\lambda}_{\max}-n}{n-1} \tag{2-4}$$

式中，$\overline{\lambda}_{\max}$ 为多个 n 阶随机正互反矩阵最大特征值的平均值。

当随机一致性比例 $CR=CI/RI<0.1$ 时，$\boldsymbol{A}$ 的不一致性仍可接受，反之必须调整判断矩阵。

第四步：层次总排序及其组合一致性检验

计算方案层的各个因素相对于目标层的重要性权重，称为层次总排序。这一过程是由目标层到方案层逐层进行的。设某一层 A 包含 m 个因素 A_1，A_2，…，A_m，它们关于上一层中某一因素 G 的权重为 a_1，a_2，…，a_m，其下一层 B 包含 n 个因素 B_1，B_2，…，B_n，它们关于 A_i 的权重为 b_{i1}，b_{i2}，…，b_{in}，那么，B_1，B_2，…，B_n 关于 G 的权重为 c_1，c_2，…，c_n，其中，

$$c_j=\sum_{i=1}^{m}a_i b_{ij} \quad j=1,\ 2,\ \cdots,\ n \tag{2-5}$$

层次总排序也要检验一致性。该过程也是由目标层到方案层逐层进行的。设 B 层的 n 个因素 B_1，B_2，…，B_n 关于 A_i 的层次单排序一致性指标为 C_i，随机一致性指标为 R_i，那么 B_1，B_2，…，B_n 关于 G 的组合一致性指标为：

$$CR=\frac{\sum_{i=1}^{m}a_i C_i}{\sum_{i=1}^{m}a_i R_i} \tag{2-6}$$

类似地，当 $CR<0.1$ 时，可认为层次总排序结果具有满意的一致性，否则需要重新调整判断矩阵。[11]

2.1.3 适用范围

层次分析法适用于对工业废水处理技术进行效益评价，计算结果与实际得出的结论基本一致。这表明建立的数学模型具有可行性，判断结果准确。

2.2　灰色综合评价法

2.2.1　方法介绍

灰色综合评价法是通过在各方案中选取最优指标函数构成最优方案，采用灰色关联度作为测度去评价各方案与最优方案之间的关联程度，从而得到各方案的优劣次序。[12]

2.2.2　数学模型

灰色综合评价模型为：

$$\boldsymbol{R} = \boldsymbol{W} \times \boldsymbol{E} \tag{2-7}$$

式中，$\boldsymbol{R}=(r_1, r_2, \cdots, r_n)$为 n 个方案的综合评判结果矩阵，r_i（$i=1, 2, \cdots, n$）表示第 i 个方案的综合评判结果；$\boldsymbol{W}=(w_1, w_2, \cdots, w_m)$为 m 个评判指标因素的权重分配矩阵，其中，w_k（$k=1, 2, \cdots, m$）表示第 k 个评判指标的权重，应满足 $\sum_{k=1}^{m} w_k = 1$；$\boldsymbol{E}$ 为各指标的单因素评判矩阵：

$$\boldsymbol{E} = \begin{pmatrix} \xi_1(1) & \xi_2(1) & \cdots & \xi_n(1) \\ \xi_1(2) & \xi_2(2) & \cdots & \xi_n(2) \\ \cdots & \cdots & \cdots & \cdots \\ \xi_1(m) & \xi_2(m) & \cdots & \xi_n(m) \end{pmatrix} \tag{2-8}$$

式中，$\xi_i(k)$（$i=1, 2, \cdots, n$；$k=1, 2, \cdots, m$）为第 i 种方案的第 k 项指标与第 k 项最优指标的关联系数。

具体计算步骤如下：

（1）给出最优指标集（F^*）。[13]

设 x_k^*（$k=1, 2, \cdots, m$）为第 k 个指标的最优值，则

$$F^* = (x_1^*, x_2^*, \cdots, x_m^*) \tag{2-9}$$

指标中，若某一指标取大值为好，则选取该指标在各个方案中的最大值为最优指标值；若取小值为好，则选取该指标在各个方案中的最小值为最优指标值。不过在选取最优值时，既要考虑先进性，又要考虑可行性。若最优指标选得过高，则不现实，同时评价的结果也失去了准确性。

（2）指标值的规范化处理。由于评判指标相互之间通常具有不同的量纲和数量级，不能直接进行比较，因此，需要对原始指标值进行规范化处理。

设 $\min x_i^{(0)}(k)$、$\max x_i^{(0)}(k)$分别为第 k 个指标在所有方案中的最小值和最大值，则可

利用下式将原始数据变换成量纲一化值：

$$x_i(k)=\frac{x_i^{(0)}(k)-\min x_i^{(0)}(k)}{\max x_i^{(0)}(k)-\min x_i^{(0)}(k)}\quad (i=1,2,\cdots,n;k=1,2,\cdots,m) \tag{2-10}$$

$$x_i(k)=\frac{\max x_i^{(0)}(k)-x_i^{(0)}(k)}{\max x_i^{(0)}(k)-\min x_i^{(0)}(k)}\quad (i=1,2,\cdots,n;k=1,2,\cdots,m) \tag{2-11}$$

式（2-10）适用于值越大效用越大的因素属性；式（2-11）适用于值越大效用越小的因素属性。

（3）构成单因素评判矩阵。[14] 以理想方案的 m 项指标的量纲一化值构成参考数列 $\{x^{(0)}(k)\}$（k=1，2，…，m），以各候选方案的 k 项指标的量纲一化值构成比较数列 $\{x_i(k)\}$（i=1，2，…，n；k=1，2，…，m），用式（2-12）分别求得第 i 个方案第 k 项指标与第 k 项最优指标的关联系数 $\xi_i(k)$（i=1，2，…，n；k=1，2，…，m）。

$$\xi i(k)=\frac{\min\limits_i\min\limits_k\left|x_0(k)-x_i(k)\right|+\rho\max\limits_i\max\limits_k\left|x_0(k)-x_i(k)\right|}{\left|x_0(k)-x_i(k)\right|+\rho\max\limits_i\max\limits_k\left|x_0(k)-x_i(k)\right|} \tag{2-12}$$

式中，$\rho\in[0，1]$为分辨系数，一般取$\rho=0.5$。

把式（2-12）的计算结果代入式（2-8），即构成单因素评判矩阵 $\boldsymbol{E}$。

（4）综合评判。[15]把单因素评判矩阵 $\boldsymbol{E}$ 和权重分配矩阵 $\boldsymbol{W}$ 代入式（2-7），即可求出综合评判结果，其中，

$$r_i=\sum_{k=1}^{m}w_k\xi_i(k) \tag{2-13}$$

若关联度 r_i^*最大，则说明 $x_i^*(k)$与最优指标集 $x_0(k)$最接近，亦即第 i 个方案优于其他方案，据此可排列出各方案的优劣次序。

2.2.3 适用范围

用灰色综合评价法来完成工厂废水处理方案的优选是适用的。在专家经验判断的基础上，运用灰色关联分析法，将各位专家的经验判断“兼收并蓄”并对其进行量化，通过计算关联度从而得到各评价指标的权重。此法比直接的经验估计法更科学、实用，具有一定的推广价值。

2.3 模糊综合评价法

2.3.1 方法介绍

模糊综合评价法是一种基于模糊数学的综合评价方法[16]。该方法根据模糊数学的隶属度理论把定性评价转化为定量评价，即用模糊数学对受到多种因素制约的事物或对象

做出一个总体的评价[17]。它具有结果清晰、系统性强等优点，能较好地解决模糊的、难以量化的问题，适合解决各种非确定性问题[18]。模糊综合评价法是对受多种因素影响的事物做出全面评价的一种十分有效的方法，为了能够全面地评价事物，模糊综合评价法的数学模型又分为单层次评价模型和多层次评价模型。

2.3.2　数学模型

2.3.2.1　单层次评价模型

（1）建立因素集、权重集和备择集[19]。因素集是以影响评价对象的各种因素为元素所组成的一个普通集合，用 U 来表示，$U=\{u_1,\ u_2,\ \cdots,\ u_n\}$是一个 n 维向量。

各因素的重要程度一般是不同的，因此不能等同看待。为了能够反映各因素的重要程度，需要对各因素赋予一个相应的权重 $a_i(i=1,2,\cdots,n)$。由各权重组成的集合 $A=\{a_1,\ a_2,\ \cdots,\ a_n\}$称为因素权重集，简称“权重集”。通常，各权重应满足归一性和非负条件。

评价集是对评价对象做出各种可能评价得到的集合的总体，通常用 V 表示。评价集中元素的个数和名称均可根据实际问题的需要由人们主观规定，即 $V=\{v_1,\ v_2,\ \cdots,\ v_m\}$。

（2）建立单因素评价矩阵[20]。单因素评价矩阵 $\boldsymbol{R}$ 为：

$$\boldsymbol{R}=\begin{pmatrix} r_{11} & r_{12} & \cdots & r_{1m} \\ r_{21} & r_{22} & \cdots & r_{2m} \\ \vdots & \vdots & & \vdots \\ r_{n1} & r_{n2} & \cdots & r_{nm} \end{pmatrix} \tag{2-14}$$

式中，r_{ij}（$i=1,\ 2,\ \cdots,\ n$；$j=1,\ 2,\ \cdots,\ m$）表示第 i 种评价因子的数值被评为第 j 级标准的可能性，即第 i 种评价因子隶属于第 j 级标准的程度。

由此可知，$\boldsymbol{R}$ 中的第 i 行表示第 i 种评价因子的数值对各级标准的隶属度；$\boldsymbol{R}$ 中的第 j 列表示各评价因子数值对第 j 级标准的隶属程度，具体数值由隶属函数给出。

（3）确立评价指标的权重分配[21]。在模糊综合评价法的数学模型中，权重反映了各个因素在综合决策过程中所占的地位和所起的作用，它们将直接影响综合评判的结果。通常，确定权重的方法有层次分析法、加权统计法、德尔菲法、回归分析法、熵值法等。

（4）综合评价[22]。取 max-min 合成运算，即用模型 M（∧，∨）计算，可得综合评判：

$$\underset{\sim}{\boldsymbol{B}}=\boldsymbol{A}\circ\boldsymbol{R}=(a_1,a_2,\cdots,a_n)\circ\begin{pmatrix} r_{11} & r_{12} & \cdots & r_{1m} \\ r_{21} & r_{22} & \cdots & r_{2m} \\ \vdots & \vdots & & \vdots \\ r_{n1} & r_{n2} & \cdots & r_{nm} \end{pmatrix}=(b_1,b_2,\cdots,b_m) \tag{2-15}$$

式中，b_j 是由 $\boldsymbol{A}$ 与 $\boldsymbol{R}$ 的第 j 列运算得到的，它表示被评价事物从整体上对 v_j 等级模糊子集的隶属程度，最后运用最大隶属度原则对模糊综合评判结果进行分析。

2.3.2.2 多层次评价模型

在实际问题中，遇到因素很多而权重分配又比较均衡的情况，可采用多层次模型。这里主要介绍两个层次的模型——二级模型。

建立二级模型的步骤如下：

第一步：将因素集 $U=\{u_1, u_2, \cdots, u_n\}$分成若干组 $U=\{U_1, U_2, \cdots, U_k\}$，使得

$$U=\bigcup_{i=1}^{k} U_i,\quad U_i \bigcap U_j=\phi \quad (i \neq j) \tag{2-16}$$

称 $U=\{U_1, U_2, \cdots, U_k\}$为第一级因素集。

设 $U_i=\{u_1^{(i)}, u_2^{(i)}, \cdots, u_n^{(i)}\}$（$i$=1，2，…，$k$），其中 $n_1+n_2+\cdots+n_k=\sum_{i=1}^{k} n_i=n$，称为第二级因素集。[23]

第二步：设评判集 $V=\{v_1, v_2, \cdots, v_m\}$，对第二级因素集 $U_i=\{u_1^{(i)}, u_2^{(i)}, \cdots, u_n^{(i)}\}$的 nk 个因素进行单因素评判，得单因素评判矩阵为：

$$\boldsymbol{R}_i=\begin{pmatrix} r_{11}^{(i)} & r_{12}^{(i)} & \cdots & r_{1m}^{(i)} \\ r_{21}^{(i)} & r_{22}^{(i)} & \cdots & r_{2m}^{(i)} \\ \vdots & \vdots & \vdots & \\ r_{n_i 1}^{(i)} & r_{n_i 2}^{(i)} & \cdots & r_{n_i m}^{(i)} \end{pmatrix}_{n_i \times m} \tag{2-17}$$

设 $U_i=\{u_1^{(i)}, u_2^{(i)}, \cdots, u_{ni}^{(i)}\}$的权重为 $A_i=\{a_1^{(i)}, a_2^{(i)}, \cdots, a_{ni}^{(i)}\}$，求得综合评判为[24]：

$$A_i \circ R_i = \underset{\sim}{B_i} \qquad i=1, 2, \cdots, k \tag{2-18}$$

第三步：对第一级因素集 $U=\{U_1, U_2, \cdots, U_k\}$作综合评判。设 $U=\{U_1, U_2, \cdots, U_k\}$的权重为 $A=\{a_1, a_2, \cdots, a_n\}$，总评判矩阵为：

$$\boldsymbol{R}=\begin{pmatrix} \underset{\sim}{B_1} \\ \underset{\sim}{B_2} \\ \vdots \\ \underset{\sim}{B_k} \end{pmatrix} \tag{2-19}$$

按一级模型用算子（∧，∨）计算，得综合评判为[25]：

$$\boldsymbol{A}_{1\times k} \circ \boldsymbol{R}_{k\times m} = \underset{\sim}{\boldsymbol{B}_{1\times m}} \tag{2-20}$$

2.3.2.3 模糊综合评价模型的改进

在模糊综合评价法中，用的是 max-min 合成运算，但这种运算存在缺陷。当需要考

虑的因素很多又要求$\sum_{i=1}^{n} a_i = 1$时，势必导致每个因素所分得的权重a_i很小，以至于$a_i \leqslant r_{ij}$，于是丢掉了 $\boldsymbol{R}=(r_{ij})$ 的许多信息。因此，常常出现综合评价的结果不易分辨的情况。下面介绍几种改进的模糊评价模型[26]。

（1）模型Ⅰ M（∧，∨）——主因素决定型。

$$b_j = \mathop{\vee}_{i=1}^{n}\left(a_i \wedge r_{ij}\right) \qquad j=1，2，\cdots，m \tag{2-21}$$

由于综合评价的结果 b_j 的值仅由 a_i 与 r_{ij}（i=1，2，…，n）中的某一个值按照先取小、后取大的原则来确定，着眼点是考虑主要因素，而其他因素对结果影响不大，这种运算有时会出现结果不易分辨的情况。

（2）模型Ⅱ M（·，∨）——主因素突出型。

$$b_j = \mathop{\vee}_{i=1}^{n}\left(a_i \cdot r_{ij}\right) \qquad j=1，2，\cdots，m \tag{2-22}$$

在模型 M（·，∨）中，对 r_{ij} 乘以小于 1 的权重 a_i，表明 a_i 是在考虑多因素条件下对 r_{ij} 的修正值，忽略了次要因素，只考虑主要因素。

（3）模型Ⅲ M（∧，⊕）——主因素突出型。

$$b_j = \mathop{\oplus}_{i=1}^{n}\left(a_i \wedge r_{ij}\right) = \sum_{i=1}^{n}\left(a_i \wedge r_{ij}\right) \qquad j=1，2，\cdots，m \tag{2-23}$$

在实际应用中，当主因素在综合评价中起主导作用时，建议采用模型Ⅰ，当模型Ⅰ失效时，再采用模型Ⅱ或模型Ⅲ。

（4）模型Ⅳ M（·，+）——加权平均模型。

$$b_j = \sum_{i=1}^{n} a_i \cdot r_{ij} \qquad j=1，2，\cdots，m \tag{2-24}$$

模型Ⅳ对所有因素依权重大小均衡兼顾，适用于考虑各因素起作用的情况。

2.3.3 适用范围

采用模糊综合评价法对污水处理厂的运行效果进行评价，使原来需要多指标评价的结果利用相对隶属度原理组合成一个综合性的指标，为各个污水处理厂之间的比较以及某个污水处理厂各个阶段的运行效果的比较提供了可行的方法，有着广泛的应用价值。

2.4 综合评价方法的集成

2.4.1 原始数据的量纲一化处理

在处理数据时，不同的指标拥有不同的量纲，如果不对这些指标的量纲进行处理，那么，将无法对其作理论运算和数据计算。为此，我们将对指标值进行量纲一化处理。

量纲一化处理就是为消除原始数据量纲对评价指标可加、可比性的影响，利用特定的运算将原始数据转换为新值，从而保证运算的正常进行。

2.4.1.1 量纲一化的方法

设基准因素数据列为 y_0，分析因素数据列为 y_i（j）（i=1，2，3，…，n；j=1，2，3，…，m）。

原始数据量纲一化处理方法通常有以下几种[27]：

（1）“中心化”处理，即

$$x_i(j)=\frac{y_i(j)-y_i}{\sigma_i} \tag{2-25}$$

式中，i=0，1，2，…，n；y_i、σ_i 分别是因素观测值 y_i（j）的样本平均值和样本均方差，下同。

（2）“极差化”处理，即

$$x_i(j)=\frac{y_i(j)-m}{M-m} \tag{2-26}$$

式中，m、M 分别指分析因素数据列 y_i（j）的最小值和最大值，下同。

（3）“极大化”处理，即

$$x_i(j)=\frac{y_i(j)}{m} \tag{2-27}$$

（4）“极小化”处理，即

$$x_i(j)=\frac{y_i(j)}{M} \tag{2-28}$$

（5）“均值化”处理，即

$$x_i(j)=\frac{y_i(j)}{y_i} \tag{2-29}$$

（6）“初值化”处理，即

$$x_i(j)=\frac{y_i(j)}{y_i(1)} \tag{2-30}$$

（7）改进后的量纲一化处理方法。设 min y_i（k）、max y_i（k）分别为第 k 个指标在所有方案中的最小值和最大值，则可利用下式将原始数据变换成量纲一化值：

$$x_i(k)=\frac{y_i(k)-\min y_i(k)}{\max y_i(k)-\min y_i(k)} \qquad i=1,2,\cdots,n \quad k=1,2,\cdots,m \tag{2-31}$$

$$x_i(k)=\frac{\max y_i(k)-y_i(k)}{\max y_i(k)-\min y_i(k)} \qquad i=1,2,\cdots,n \quad k=1,2,\cdots,m \tag{2-32}$$

其中，式（2-31）适用于值越大效用越大的因素属性；式（2-32）适用于值越小效用越大的因素属性。

2.4.1.2　处理原则

对原始数据作量纲一化处理应遵循以下原则[28]：

（1）量纲一化处理主要是为消除原始指标的计量主体与数量级之间的差别，而不是信息量的差异，因此，在做量纲一化处理时应最大限度地保留原始数据的信息差异；

（2）为使数据不失真，在将原始指标转换为新值时，应尽可能保持新值与原始指标值之间的对应关系；

（3）应尽量避免极端数值对绝大多数原始指标值分布产生的影响；

（4）在不影响处理效果的前提下，应尽量选用简单、易操作的方法对原始指标值进行量纲一化处理。

2.4.2　模糊灰色集成评价法

从前面模糊综合评价法的介绍中我们不难看出，权重集 A 是决定模糊综合评价结果可靠与否的一个关键性的模糊子集。而进行模糊综合评价时，最复杂和最困难的问题，往往又是对 A 的正确赋值。从目前的应用成果来看，因素权重集大多是根据经验由研究者人为赋值的。这就使模糊综合评价这样一种定量研究方法因权重集在一定程度上反映了人们的主观认识而带上了较浓厚的人为性。

模糊综合评价的因素权重集，事实上反映了事物内部各种影响因素之间的相互关系。在许多情况下，我们并不能清楚地知道这种关系，换言之，事物与其影响因素共同构成了一个灰色系统。为此，我们引入灰色关联分析。在模糊综合评价中，我们可以将评价事物的标准序列作为参考数列，将各评价对象作为比较数列，计算各评价对象与评价标准的关联度。作为系统内各因素之间关联性计量的测度，关联度愈大，表明相应的评价对象与评价标准的关系愈紧密。因此，关联度与权重在基本意义上是相通的，对关联度加以必要处理代替模糊综合评价中的因素权重集是合理且可行的。

用灰色系统理论和方法，分析处理现有模糊综合评价法存在的问题，可使该方法完全摆脱人为的干预，使方法更趋完善。同时，该方法计算简单，定量化程度高，可改变模糊综合评价结果因人而异的状况。

2.4.2.1　数学模型

（1）参考数列与比较数列的选定[29]。在进行关联分析时，为了从数据信息的内部结构上分析被评判事物与其影响因素之间的关系，必须用某种数量指标定量地反映被评判事物的性质，这样一种按一定顺序排列的数量指针，称为关联分析的参考数列。通常我们选用诸方案中的最优值（若某一指标取大值为好，则取该指标在各方案中的最大值；若取小值为好，则取各方案中的最小值）作参考数列，记为 X_0，表示为：X_0={X_0（1），X_0（2），…，X_0（m）}。关联分析的比较数列是决定或影响被评判事物性质的各子因素资料的有序排列，记为 X_i，表示为：X_i={X_i（1），X_i（2），…，X_i（m）}，i=1，2，…，n。

（2）计算关联系数[30]。首先，对原始数据矩阵进行量纲一化处理。常采用初值化变换或均值化变换。将量纲一化处理后的参考数列记为{x_0（k）}（k=1，2，…，m），将量纲一化处理后的比较数据列记为{x_i（k）}（i=1，2，…，n；k=1，2，…，m）。则关联系数为：

$$\xi_i(k)=\frac{\min\limits_i\min\limits_k\left|x_0(k)-x_i(k)\right|+\rho\max\limits_i\max\limits_k\left|x_0(k)-x_i(k)\right|}{\left|x_0(k)-x_i(k)\right|+\rho\max\limits_i\max\limits_k\left|x_0(k)-x_i(k)\right|} \tag{2-33}$$

式中：$\rho\in[0,1]$为分辨系数，一般取ρ=0.5；i=1，2，…，n；k=1，2，…，m。

（3）计算关联度[31]。利用下式即可计算出各比较数列与参考数列之间的关联度：

$$r_i=\frac{1}{n}\sum_{i=1}^{n}\xi_i(k)\qquad k=1,2,\cdots,m \tag{2-34}$$

（4）由关联度向权重的转换[32]。对关联度进行归一化处理的权重集：

$$A=\{a_1,a_2,\cdots,a_n\} \tag{2-35}$$

式中：

$$a_i=r_i\bigg/\sum_{i=1}^{n}r_i\qquad i=1,2,\cdots,n$$

（5）模糊综合评判[33]。设有因素集 $U=\{u_1,u_2,\cdots,u_n\}$，评判集 $V=\{v_1,v_2,\cdots,v_m\}$，根据各因素的观测值，对评判对象的全体进行单因素评判，得到单因素评判集 **R**：

$$\boldsymbol{R}=\begin{pmatrix}r_{11}&r_{12}&\cdots&r_{1m}\\r_{21}&r_{22}&\cdots&r_{2m}\\\vdots&\vdots&&\vdots\\r_{n1}&r_{n2}&\cdots&r_{nm}\end{pmatrix} \tag{2-36}$$

可得模糊综合评判

$$\underset{\sim}{B}=A\circ\boldsymbol{R}=(a_1,a_2,\cdots,a_n)\circ\begin{pmatrix}r_{11}&r_{12}&\cdots&r_{1m}\\r_{21}&r_{22}&\cdots&r_{2m}\\\vdots&\vdots&&\vdots\\r_{n1}&r_{n2}&\cdots&r_{nm}\end{pmatrix}=(b_1,b_2,\cdots,b_m) \tag{2-37}$$

2.4.2.2 适用范围及优势

模糊综合评判与灰色综合评价法的集成是在已知信息不充分的前提下，评判具有模糊因素的事物或现象的一种方法。利用模糊集理论和灰色关联分析建立的方案排序模型，能较好地处理方案评估与排序过程中的模糊性和人脑综合判断的灰色综合分析性质，为方案排序的解析化、定量化提供更有力的手段。

2.5 技术成本效益分析法

成本效益分析方法产生于 19 世纪，它是作为评价公共事业部门投资的一种方法而逐渐发展起来的。20 世纪 70 年代后，环境公害事件屡屡发生，经济学家开始将成本效益分析方法应用于环境污染控制决策分析中来，对环境质量的变化进行评价。成本效益分析是现代福利经济学的一种应用，其目的在于尽可能准确地分析某一项目方案对国民经济的影响，进而选择最有利于优化资源配置的方案。

环境保护投资的成本效益分析主要有两个目的：一是分析评价环境保护投资项目的价值；二是通过投资效益分析，反过来指导环境保护投资。成本效益分析方法所依据的原理是：对社会资源来说，当社会总收益和总成本之差最大时，社会净福利和净效益最大，此时社会的资源利用效率也最大。环保投资项目不同于一般工程项目，大多具有公益性，通常它的效益不能以一般的方式来衡量，其经济可行性常常是项目决策的重要依据。它的成本效益分析有其自身的特点，环境效益评价起来较为困难，也是环境费用效益分析的难点。

2.5.1 方法介绍

针对水污染控制技术评价工作，在技术成本效益分析法中，通过对各类技术的经济效益与成本进行比较，得出该项技术的收益情况，从而对其经济效益进行分析。应用到环境技术时，则需对该项技术的环境收益进行货币化计算，并作为该项技术的经济效益进行成本效益分析。

2.5.2 数学模型

在对环境问题进行经济分析时，通常要经过四个步骤[34]：

第一步，确定存在哪些重要的环境影响；

第二步，将环境影响定量化，即用诸如空气、水中污染物的含量，农作物减产的数量或治理环境后某些疾病发病率的变化等指标来表示环境影响的大小；

第三步，对量化的环境影响估价，即用货币价值来表示环境影响的大小；

第四步，对上述货币化的环境影响进行经济分析。多用费用效益分析法。

2.5.2.1 计算各种备选技术的排污削减量

首先收集备选技术的各类污染物排放总量，与未使用污染控制技术的污染物排放量进行比较，即可计算各种备选技术不同污染物的削减量（表 2-3）。其中使用污染物控制技术的污染物排放量，可以选用污染治理设施入口处的污染物总量。

污染物削减量＝采用备选技术的排放量－未采用该项技术的排放量　（2-38）

表 2-3　备选技术产量及排污量

	未使用技术	备选技术	污染物削减量	……
污染物 1 排放量			污染物 1 削减量	
污染物 2 排放量			污染物 2 削减量	
……			……	

2.5.2.2　计算备选技术的环境收益

要使经济效益能在经济实践中具体地反映出来，需要通过设立比较科学、合理和统一的指标及指标体系使之量化。本书采取将排污削减量货币化的方式。根据不同污染物的单位排污费用，计算各种备选技术由于污染物削减所带来的费用节省，参考表 2-4 的模式对数据进行汇总。其中：

节省费用＝单位排污费×削减量　（2-39）

备选技术的环境收益是指某备选技术各种污染物排污节省费用的加和。

表 2-4　备选技术排污节省费用的比较

	单位排污费	备选技术 1 污染物削减量	备选技术 1 节省排污费	……
污染物 1				
污染物 2				
……				
环境收益		—		

2.5.2.3　计算备选技术的年度总成本

备选技术的年度总成本包括设备的年平均投资和年运行维护费用[35]。参考计算方法如下：

（1）初始投资（F）。初始投资主要由 4 种费用组成：工程建设费、不可预见费、工程设计费和其他杂项费用。在工程建设费中，又分为设备费、土建工程费、工程安装费、建设周期利息。

假设建设周期为 3 年，则建设周期内的利息计算如下：

$$F_2=F_1(a_1i^2+a_2i+a_3) \quad (2\text{-}40)$$

式中：F_1——初始投资；

F_2——建设周期利息；

a_1，a_2，a_3——各年投资比例；

i——银行利息。

式（2-40）是将建设周期利息折合进基准年的投资。

实际的初始总投资 F_0 应为初始投资和建设周期利息之和，即：

$$F_0=F_1+F_2 \tag{2-41}$$

（2）年运行费用（Y）。年运行/维护费用包括：原材料的费用，如吸收剂、工业水、动力、蒸汽、燃料；劳动力费用，包括生产人员和管理人员的工资；维护费用，即每年检修或大修费用；设备折旧费。

（3）年度总成本（F'）。在年度总成本的计算中可以采用均化投资的概念，即将初始投资在设备使用寿命期内均摊，而年度总成本为年均化投资与年运行费用之和。其中，年均化投资的计算公式如下：

$$F = F_0(\frac{A}{P},i,n) \tag{2-42}$$

其中：

$$(\frac{A}{P},i,n) = \frac{i}{1-(1+i)^{-n}} \tag{2-43}$$

式中：F——年均化投资，元/a；

i——基准收益率（财务）或社会折现率（经济）；

n——设备寿命年限。

年度总成本计算公式如下：

$$F' = F + Y \tag{2-44}$$

式中：F——年均化投资，元/a；

Y——年运行维护费用，元/a。

2.5.2.4　比较备选技术的收益率

在成本效益分析法中，将各种备选技术的环境收益（节省排污费用）与技术年度总成本的比值，即收益率，作为比较备选技术综合表现的指标[36]。

收益率=备选技术的环境收益/备选技术的年度总成本　　（2-45）

2.5.3　适用范围及优势

技术成本效益分析可为最佳可行性技术的选择提供科学的依据。它是通过货币化的方式对各种备选技术的综合表现进行评估。成本效益分析是对传统的经济分析方法的延伸，对总成本和总收益进行比较，平衡二者的关系，从而可对技术的经济效益情况有明晰的了解。

2.6 环境费用效益分析法

2.6.1 方法介绍

环境费用效益分析法，是费用效益分析理论与环境科学相结合的产物，是全面评价某项活动综合效益的一种方法[37]。其基本思路是：在分析某项活动的经济效益、环境效益的基础上，通过一定的方法，将环境效益转换为经济效益（环境效益的货币化），然后将环境效益和经济效益相加，即可求得综合效益[38]。如果该项活动有利于改善环境质量，则环境效益为正值；反之，则为负值。因此，综合效益也将有正、负值之分，正值表明该活动是可行的[39]。

环境效益一般是从经济效益和社会效益两方面来分析，经济效益包括由企业因改善环保措施发生环境成本支出而带来的直接效益和间接效益；社会效益则包括提高企业形象、开发与销售绿色产品、降低环境风险、减少职工和附近居民发病率等间接效益[40]。

环境费用是指企业由于其活动对环境造成的影响而被要求或主动采取措施所支付的费用，以及因其执行环境目标和要求所支付的其他费用。一般有三种方式：一是为达到环境保护法规所要求的环境标准而产生的费用，如环保设备的投入成本及营运费用；二是国家实施经济手段保护环境时企业所产生的成本费用，如超标准的排污费、环保基金等；三是企业为了提高自身的环境要求而主动付出的环境成本费用，如为了提高企业的环保声誉、开发绿色产品等[41]。

2.6.2 环境费用效益分析法的评价准则（指标）

在利用费用效益分析法进行评价时，由于采用的评价标准不同，因而存在不同的评价方法。通常采用的评价方法有经济净现值法（ENPV）、经济现值指数法（ENPVR）和经济内部收益率（EIRR）。

2.6.2.1 经济净现值法（ENPV）

经济净现值法（ENPV）是指各年的净效益折算到建设起点（初期）的现值之和[42]。计算公式为：

$$\mathrm{ENPV}=\sum_{i=1}^{n}\frac{B_{\mathrm{T}_i}-C_{\mathrm{T}_i}}{(1+r)^i} \tag{2-46}$$

式中：B_{T_i} —— i 年时的环境收益；

C_{T_i} —— i 年时的环境费用；

r —— 社会贴现率，又称影子利率，它涉及的是资金收益而非利率；

i —— 计算期；

n —— 项目的使用年限。

若 ENPV≥0，表明社会所得大于所失，项目或方案在经济上是可行的；若 ENPV<0，则项目或方案不可取。该方法的优点是可以避免负效益或费用节约归属处理不当所造成的错误。

2.6.2.2 经济现值指数法（ENPVR）

经济现值指数法（ENPVR）是指项目的经济效益的现值和项目的经济费用的现值之比[43]。计算公式为：

$$\mathrm{ENPVR}=\frac{效益}{费用}=\frac{\sum_{i=1}^{n}\frac{B_{\mathrm{T}_i}}{(1+r)^i}}{\sum_{i=1}^{n}\frac{C_{\mathrm{T}_i}}{(1+r)^i}} \tag{2-47}$$

如果 ENPVR≥1，说明社会得到的效益大于该项目或方案支出的费用，项目或方案是可以接受的；若 ENPVR<1，则该项目或方案支出的费用大于所得到的效益，意味着从经济前景看会产生损失，项目或方案不可取。

2.6.2.3 经济内部收益率（EIRR）

经济内部收益率（EIRR）是指使项目计算期内的经济净现值累计等于零时的贴现率[44]。计算公式为：

$$\sum_{i=1}^{n}\frac{B_{\mathrm{T}_i}-C_{\mathrm{T}_i}}{(1+\mathrm{EIRR})^i}=0 \tag{2-48}$$

一般情况下，经济内部收益率大于或者等于社会贴现率的项目是可取的。

经济净现值只能表明我们要求的最大经济目标，过分强调这个指标，容易导致忽视对有限资金的合理利用而片面追求经济净现值最大化；而经济内部收益率比较直观，能直接表明项目投资对国民经济的净贡献能力；经济现值指数的含义是单位费用所获得的效益，是十分有用的评价指标，但片面追求最大的内部收益率或现值指数，往往缺乏实际意义。

2.6.3 构建指标体系时应注意的问题

（1）选出的指标体系应能全面地反映被评价对象的综合情况，既要反映直接效果，又要反映间接效果，从而保证综合评价的全面性和可信度，并且指标之间应尽可能地避免包含关系，以防重复计算。

（2）评价时应尽可能追求指标的精确性，但由于某些指标无法做到精确定量，或因相关数据无法获得而难以量化时，进行半定性或定性分析亦是可行的。

总之，合理地构建费用效益分析的指标将有利于费用效益分析法的进一步完善，将更有效地对每个环境因素或影响做出全面、准确的评价；同时应尽可能地减少分析中的不确定性结果，从而避免给环境管理和决策带来消极的影响。

2.6.4 方法的意义

环境费用效益分析法不仅考虑了经济效益，还考虑了环境效益和社会效益；不仅考虑了短期利益，还考虑了长期利益。评估一个项目，在不考虑环境影响的条件下，可能产出会高于投入，从片面的、单纯的经济效益上看，是有利可图的。但如果项目的环境负面影响大，若再用环境费用效益分析法来评估，该项目就可能弊大于利。因此采用环境费用效益分析法来评估项目，有助于提高决策的科学性、全面性，符合社会经济可持续发展的需要。

2.7 辽河流域造纸工业废水处理技术综合评价示例

造纸工业是造成辽河流域水体污染严重的六大重点行业之一，仅 2006 年，辽河流域造纸行业 COD 排放量就达 3.45 万 t，占辽河流域工业排放总量的 25.1%；氨氮排放量为 0.02 万 t，占辽河流域工业排放总量的 1.2%。其主要污染来自于造纸生产过程中的各种污水。若造纸工业废水不经过有效处理而直接排入江、河、湖水之中，废水中的有机物经过发酵、氧化、分解，消耗水体中的氧气，可使鱼类、贝类等水生生物缺氧而死；废水中的木屑、草屑等沉入水底，淤塞河床，在缓慢的累积、发酵中，不断产生并排放毒气、臭气；废水中还有一些不容易发酵、分解的物质，悬浮于水体中，吸收光线，阻碍阳光透过水体，妨碍水生植物的光合作用。另外，废水中还可能含有一些致癌、致畸、致突变的有毒有害物质，如有机氯代物，这些物质将降低水质，甚至影响水体的使用功能。造纸废水不仅使人类赖以生存的环境和生态遭到破坏，同时也直接威胁造纸工业自身的发展问题。解决好我国造纸工业的水污染问题，不仅关系到造纸工业自身的生存与发展，同时也关系到我国生态环境质量的改善。因此，找到有效的方法评价造纸工业现有的处理技术，使现有的处理技术得到改进，提高废水处理效果、降低处理成本、改善生态环境已迫在眉睫。

辽河流域水污染防治的主要任务是：保证饮用水安全；严格控制工业污染，辽河流域内工业 COD 排放量控制在 2005 年水平。重点加强对造纸、印染、制药、石化、冶金等行业的污染控制，提高水的循环利用率，降低污水排放量。这就要求我们要尽快开展相关的实际工作，确保防治任务的完成。

选取辽河流域某一地区四家具有代表性的造纸厂（这四家造纸厂分别采用了四种不同的废水处理技术），采用模糊综合评价+灰色综合评价法对这四家造纸厂的废水处理技术进行综合评价，以找到适合该地区的造纸废水处理工艺。

2.7.1 原始数据的处理

四家造纸厂采用的废水处理方法分别为：生物膜法、化学氧化法、气浮法和电渗透法。选用的评价指标分为三大类：技术效益、经济效益和社会效益。又将这三类效益指标细分为 12 个小项，分别是：COD 去除率、BOD 去除率、色度去除率、二次污染率、处理水量、节约水量、水可利用率、初投入、运行费用、投资效益、环境净化指数以及水体净化指数。具体的原始数据见表 2-5。

表 2-5　造纸厂废水处理工艺原始数据

效益指标	评价指标	生物膜法	化学氧化法	气浮法	电渗透法
技术效益	COD 去除率/%	65	73	89	76
	BOD 去除率/%	92	83	95	89
	色度去除率/%	93	95	90	96
	二次污染率/%	30	40	38	25
	处理水量/万 t	106	115	137	108
	节约水量/万 t	95	105	89	97
	水可利用率/%	68	60	70	63
经济效益	初投入/万元	203	187	215	169
	运行费用/万元	29	11	36	21
	投资效益/万元	80	35	68	81
社会效益	环境净化指数	1.32	1.76	1.66	1.48
	水体净化指数	1.61	1.25	1.89	1.13

选取每项指标中的最优值（若某一指标取大值为好，则取该指标在各方案中的最大值；若取小值为好，则取各方案中的最小值）组成参考数据列，记为 X_0，则 X_0={89，95，96，25，137，105，70，169，11，81，1.76，1.89}；将比较数据列记为 $X_i(k)$。

由于评判指标之间通常具有不同的量纲和数量级，不能直接进行比较，因此，需要对原始指标值进行量纲一化处理。根据式（2-31）、式（2-32）对原始数据进行量纲一化处理。计算过程如下：

$$x_2(1)=\frac{X_2(1)-\min\limits_i X_i(1)}{\max\limits_i X_i(1)-\min\limits_i X_i(1)}=\frac{73-65}{89-65}=0.333\,3$$

$$x_1(4)=\frac{\max\limits_i X_i(4)-X_1(4)}{\max\limits_i X_i(4)-\min\limits_i X_i(4)}=\frac{40-30}{40-25}=0.666\,7$$

其他计算过程同上。原始数据量纲一化处理结果见表 2-6。

表 2-6 原始数据量纲一化处理结果

序号	评价指标	生物膜法 x_1（k）	化学氧化法 x_2（k）	气浮法 x_3（k）	电渗透法 x_4（k）	参考数据列 x_0（k）
1	COD 去除率/%	0.000 0	0.333 3	1.000 0	0.458 3	1.000 0
2	BOD 去除率/%	0.750 0	0.000 0	1.000 0	0.500 0	1.000 0
3	色度去除率/%	0.500 0	0.833 3	0.000 0	1.000 0	1.000 0
4	二次污染率/%	0.666 7	0.000 0	0.133 3	1.000 0	1.000 0
5	处理水量/万 t	0.000 0	0.290 3	1.000 0	0.064 5	1.000 0
6	节约水量/万 t	0.375 0	1.000 0	0.000 0	0.500 0	1.000 0
7	水可利用率/%	0.800 0	0.000 0	1.000 0	0.300 0	1.000 0
8	初投入/万元	0.260 9	0.608 7	0.000 0	1.000 0	1.000 0
9	运行费用/万元	0.280 0	1.000 0	0.000 0	0.600 0	1.000 0
10	投资效益/万元	0.978 3	0.000 0	0.717 4	1.000 0	1.000 0
11	环境净化指数	0.000 0	1.000 0	0.772 7	0.363 6	1.000 0
12	水体净化指数	0.631 6	0.157 9	1.000 0	0.000 0	1.000 0

2.7.2 计算关联系数、关联度

在计算关联系数之前，先计算参考数据列{x_0（k）}（k=1，2，…，12）与比较数据列{x_i（k）}（i=1，2，3，4；k=1，2，…，12）之差的绝对值，如表 2-7 所示。

表 2-7 参考数据列与比较数据列之差的绝对值

序号	评价指标	$\|x_0(k)-x_1(k)\|$	$\|x_0(k)-x_2(k)\|$	$\|x_0(k)-x_3(k)\|$	$\|x_0(k)-x_4(k)\|$
1	COD 去除率/%	1.000 0	0.666 7	0.000 0	0.541 7
2	BOD 去除率/%	0.250 0	1.000 0	0.000 0	0.500 0
3	色度去除率/%	0.500 0	0.166 7	1.000 0	0.000 0
4	二次污染率/%	0.333 3	1.000 0	0.866 7	0.000 0
5	处理水量/万 t	1.000 0	0.709 7	0.000 0	0.935 5
6	节约水量/万 t	0.625 0	0.000 0	1.000 0	0.500 0
7	水可利用率/%	0.200 0	1.000 0	0.000 0	0.700 0
8	初投入/万元	0.739 1	0.391 3	1.000 0	0.000 0
9	运行费用/万元	0.720 0	0.000 0	1.000 0	0.400 0
10	投资效益/万元	0.021 7	1.000 0	0.282 6	0.000 0
11	环境净化指数	1.000 0	0.000 0	0.227 3	0.636 4
12	水体净化指数	0.368 4	0.842 1	0.000 0	1.000 0

由表 2-7 不难看出，$\min\limits_i \min\limits_k |x_0(k)-x_i(k)|=0$，$\max\limits_i \max\limits_k |x_0(k)-x_i(k)|=1$，利用式（2-33）计算出每项指标的关联系数，公式中ρ是分辨系数，它在 0～1 之间取值，本书取ρ=0.5，

关联系数的详细计算过程如下：

$$\xi_1(1)=\frac{\min\limits_i\min\limits_k\left|x_0(k)-x_i(k)\right|+\rho\max\limits_i\max\limits_k\left|x_0(k)-x_i(k)\right|}{\left|x_0(1)-x_1(1)\right|+\rho\max\limits_i\max\limits_k\left|x_0(k)-x_i(k)\right|}$$

$$=\frac{0+0.5\times1}{1+0.5\times1}=0.333\,3$$

其他指数的关联系数计算过程同上，各项指数的关联系数值见表 2-8。

表 2-8　各项指标的关联系数

序号	评价指标	ξ_1（k）	ξ_2（k）	ξ_3（k）	ξ_4（k）
1	COD 去除率/%	0.333 3	0.428 6	1.000 0	0.480 0
2	BOD 去除率/%	0.666 7	0.333 3	1.000 0	0.500 0
3	色度去除率/%	0.500 0	0.750 0	0.333 3	1.000 0
4	二次污染率/%	0.600 0	0.333 3	0.365 9	1.000 0
5	处理水量/万 t	0.333 3	0.413 3	1.000 0	0.348 3
6	节约水量/万 t	0.444 4	1.000 0	0.333 3	0.500 0
7	水可利用率/%	0.714 3	0.333 3	1.000 0	0.416 7
8	初投入/万元	0.403 5	0.561 0	0.333 3	1.000 0
9	运行费用/万元	0.409 8	1.000 0	0.333 3	0.555 6
10	投资效益/万元	0.958 3	0.333 3	0.638 9	1.000 0
11	环境净化指数	0.333 3	1.000 0	0.687 5	0.440 0
12	水体净化指数	0.575 8	0.372 5	1.000 0	0.333 3

关联度是关联系数的平均值，即由式（2-34）可以计算出各比较数列与参考数列之间的关联度，计算过程如下：

$$r_{1,0}=\frac{\xi_1(1)+\xi_2(1)+\xi_3(1)+\xi_4(1)}{4}=\frac{0.333\,3+0.428\,6+1+0.480\,0}{4}=0.560\,5$$

其他指标的关联度计算同上，评价指标的关联度值见表 2-9。

表 2-9　评价指标的关联度值

序号	1	2	3	4	5	6
关联度 $r_{k,0}$	0.560 5	0.625 0	0.645 8	0.574 8	0.523 7	0.569 4
序号	7	8	9	10	11	12
关联度 $r_{k,0}$	0.616 1	0.574 5	0.574 7	0.732 6	0.615 2	0.570 4

2.7.3 由关联度向权重的转换

利用公式 $a_k = r_{k,0} \Big/ \sum_{k=1}^{m} r_{k,0}$，即可将关联度转化为各项指标的权重。计算过程如下：

$$\sum_{t=1}^{m} r_{t,0} = 0.560\,5 + 0.625\,0 + 0.645\,8 + 0.574\,8 + 0.523\,7 + 0.569\,4 + 0.616\,1 + 0.574\,5 + 0.574\,7 + 0.732\,6 + 0.615\,2 + 0.570\,4 = 7.182\,8$$

$$a_1 = \frac{r_{1,0}}{\sum_{t=1}^{12} r_{t,0}} = \frac{0.560\,5}{7.182\,8} = 0.078\,0$$

其他指标权重的求法同上。各项指标的权重如表 2-10 所示。

表 2-10 指标的权重

序号	1	2	3	4	5	6
权重 a_k	0.078 0	0.087 0	0.089 9	0.080 0	0.072 9	0.079 3
序号	7	8	9	10	11	12
权重 a_k	0.085 8	0.080 0	0.080 0	0.102 0	0.085 7	0.079 4

经验证，

$$\sum_{t=1}^{12} a_k = 0.078\,0 + 0.087\,0 + 0.089\,9 + 0.080\,0 + 0.072\,9 + 0.079\,3 + 0.085\,8 + 0.080\,0 + 0.080\,0 + 0.102\,0 + 0.085\,7 + 0.079\,4 = 1$$

所以，各项指标的权重符合要求。

2.7.4 建立单因素评判集

利用式（2-35）可以计算出单因素评判集各分项因素的值。例如，

$$r_{12} = \frac{x_2(1)}{\sum_{i=1}^{4} x_i(1)} = \frac{0.333\,3}{0 + 0.333\,3 + 1 + 0.458\,3} = 0.186\,0$$

得到单因素评判集（表 2-11）。

表 2-11　单因素评判集

r_{ki}	r_{k1}	r_{k2}	r_{k3}	r_{k4}
r_{1i}	0.000 0	0.186 0	0.558 1	0.255 8
r_{2i}	0.333 3	0.000 0	0.444 4	0.222 2
r_{3i}	0.214 3	0.357 1	0.000 0	0.428 6
r_{4i}	0.370 4	0.000 0	0.074 1	0.555 6
r_{5i}	0.000 0	0.214 3	0.738 1	0.047 6
r_{6i}	0.200 0	0.533 3	0.000 0	0.266 7
r_{7i}	0.381 0	0.000 0	0.476 2	0.142 9
r_{8i}	0.139 5	0.325 6	0.000 0	0.534 9
r_{9i}	0.148 9	0.531 9	0.000 0	0.319 1
r_{10i}	0.362 9	0.000 0	0.266 1	0.371 0
r_{11i}	0.000 0	0.468 1	0.361 7	0.170 2
r_{12i}	0.352 9	0.088 2	0.558 8	0.000 0

2.7.5　综合评价

考虑到各方案中每项指标的权重值近似相等，也就是说所有因素都对评价结果起作用，所以选用模型（•，+）对各方案进行综合评价。

首先，我们计算中间参数 $a_k \cdot r_{ki}$，以 $a_1 \cdot r_{12}$ 为例：

$$a_1 \cdot r_{12}=0.078\,0\times0.186\,0=0.014\,5$$

各中间参数值如表 2-12 所示。

表 2-12　中间参数值

	$a_k \cdot r_{k1}$	$a_k \cdot r_{k2}$	$a_k \cdot r_{k3}$	$a_k \cdot r_{k4}$
$a_1 \cdot r_{1i}$	0.000 0	0.014 5	0.043 6	0.020 0
$a_2 \cdot r_{2i}$	0.029 0	0.000 0	0.038 7	0.019 3
$a_3 \cdot r_{3i}$	0.019 3	0.032 1	0.000 0	0.038 5
$a_4 \cdot r_{4i}$	0.029 6	0.000 0	0.005 9	0.044 5
$a_5 \cdot r_{5i}$	0.000 0	0.015 6	0.053 8	0.003 5
$a_6 \cdot r_{6i}$	0.015 9	0.042 3	0.000 0	0.021 1
$a_7 \cdot r_{7i}$	0.032 7	0.000 0	0.040 8	0.012 3
$a_8 \cdot r_{8i}$	0.011 2	0.026 0	0.000 0	0.042 8
$a_9 \cdot r_{9i}$	0.011 9	0.042 6	0.000 0	0.025 5
$a_{10} \cdot r_{10i}$	0.037 0	0.000 0	0.027 1	0.037 8
$a_{11} \cdot r_{11i}$	0.000 0	0.040 1	0.031 0	0.014 6
$a_{12} \cdot r_{12i}$	0.028 0	0.007 0	0.044 4	0.000 0

其次，利用公式 $b_i=\sum_{k=1}^{m}(a_k\cdot r_{ki})$ 计算 b_i 值：

$$\begin{aligned}b_1&=\sum_{k=1}^{12}(a_k\cdot r_{k1})\\&=0+0.290+0.019\,3+0.029\,6+0+0.015\,9+0.032\,7+0.011\,2+0.011\,9+\\&\quad 0.037\,0+0+0.028\,0\\&=0.214\,6\end{aligned}$$

$$\begin{aligned}b_2&=\sum_{k=1}^{12}(a_k\cdot r_{k2})\\&=0.014\,5+0+0.032\,1+0+0.015\,6+0.042\,3+0+0.026\,0+0.042\,6+0+\\&\quad 0.040\,1+0.007\,0\\&=0.220\,2\end{aligned}$$

$$\begin{aligned}b_3&=\sum_{k=1}^{12}(a_k\cdot r_{k3})\\&=0.043\,6+0.038\,7+0+0.005\,9+0.053\,8+0+0.040\,8+0+0+0.027\,1+\\&\quad 0.031\,0+0.044\,4\\&=0.285\,3\end{aligned}$$

$$\begin{aligned}b_4&=\sum_{k=1}^{12}(a_k\cdot r_{k4})\\&=0.020\,0+0.019\,3+0.038\,5+0.044\,5+0.003\,5+0.021\,1+0.012\,3+0.042\,8+\\&\quad 0.025\,5+0.037\,8+0.014\,6+0\\&=0.279\,9\end{aligned}$$

利用式（2-37），其中，$b_i=\sum_{k=1}^{m}(a_k\cdot r_{ki})$，得

$$\underset{\sim}{B}=A\circ R=(b_1,\ b_2,\ b_3,\ b_4)=(0.214\,6,\ 0.220\,2,\ 0.285\,3,\ 0.279\,9)$$

可知，气浮法优于电渗透法优于化学氧化法优于生物膜法。所以，在该地区更适合采用气浮法来处理造纸工业废水。

2.8 小结

本章介绍了技术评价常用的几种方法，包括层次分析法、灰色综合评价法、模糊综合评价法、模糊灰色集成评价法、技术成本效益分析法及环境费用效益分析法，分别介绍了各方法的数学模型及适用范围。最后，选取辽河流域造纸废水处理技术为研究对象，利用灰色综合评价+模糊综合评价法进行技术评价的方法示例。这是将模糊综合评价法

与灰色综合评价法相集成的一种新方法。在利用传统的模糊综合评价法求权重时，人为因素对权重的影响很大，而权重又对最终的评价结果有很大的影响。为了使评价结果更为准确，尽量在计算过程中减少人为因素，作者在模糊综合评价法中引入灰色综合评价法中计算权重的方法。此外，本书选用的评价指标中，既有取值越大越好的正向指标，又有取值越小越好的逆向指标，而在实际的计算过程中，一般要将所有的逆向指标作正向化处理。集成的新方法的另一个创新点是对原始数据作量纲一化处理时选用的两个公式。这两个公式分别对正向和逆向指标作量纲一化处理，使处理后的结果更符合实际的计算要求。

第3章　辽河流域水污染治理技术现状分析

3.1　辽宁省典型行业水污染治理技术现状

不同行业的废水其成分、种类和特点均不同。本章将对辽河流域辽宁省内工业企业现行使用废水处理技术分行业进行研究。根据辽宁省实际情况，选取冶金、石化、制药、纺织、造纸、饮料六大典型重化工行业开展水处理技术的评价与研究（表3-1）。这六大行业从企业数量上来看，涵盖了全省1/3的企业；从企业资金、规模等方面来看，所占的比例要更高。

表3-1　辽宁省典型重化工行业及其行业代码

序号	行业分类	行业名称	行业代码
1	冶金	黑色金属冶炼及压延加工业	32
		有色金属冶炼及压延加工业	33
2	石化	石油加工、炼焦及核燃料加工业	25
		化学原料及化学制品制造业	26
		化学纤维制造业	28
3	制药	制药制造业	27
4	纺织	纺织业	17
5	造纸	造纸及纸制品业	22
6	饮料	饮料制造业	15

本研究共计调查了辽宁省353家工业企业，其中，冶金企业87家，占调查企业总数的24.64%；石化企业109家，占调查企业总数的30.88%；制药企业29家，占调查企业总数的8.22%；纺织企业55家，占调查企业总数的15.58%；造纸企业55家，占调查企业总数的15.58%；饮料企业18家，占调查企业总数的5.10%。

3.1.1　冶金行业废水处理技术现状分析

2006年，辽河流域冶金行业COD排放量为1.95万t，占辽河流域工业排放总量的14.2%；氨氮排放量为0.93万t，占辽河流域工业排放总量的56.7%。辽宁省内冶金企业较多，如鞍山钢铁股份有限公司、本溪钢铁股份有限公司和凌源钢铁股份有限公司都是规模较大的冶金企业。冶金废水的处理对于辽宁省内污水处理的工作可谓是重中之重。

冶金行业废水的种类较多，废水处理主要针对焦化废水、酸洗废水、冷轧含油废水、高炉煤气洗涤废水和高浊冷却水等。一般来讲，冶金行业废水成分非常复杂，既含有有机成分，又含有无机成分；既有悬浮态的，又有溶解态的，排放的废水中含有大量的悬浮物、重金属、石油产品等污染物。主要污染物成分变化范围大，浓度变化大，水质极不稳定。

根据 2009 年辽宁省环境统计数据，抽取 87 家冶金企业进行调查，其使用的水处理技术有（按使用频次由高到低排序）：沉淀、化学混凝-沉淀组合工艺、物理-化学组合工艺、中和处理、传统活性污泥法、混凝、化学氧化还原、超滤、上浮分离、物理-生物组合工艺、化学沉淀、生物接触氧化、化学-物化组合工艺等，各种技术使用频次比例如图 3-1 所示。

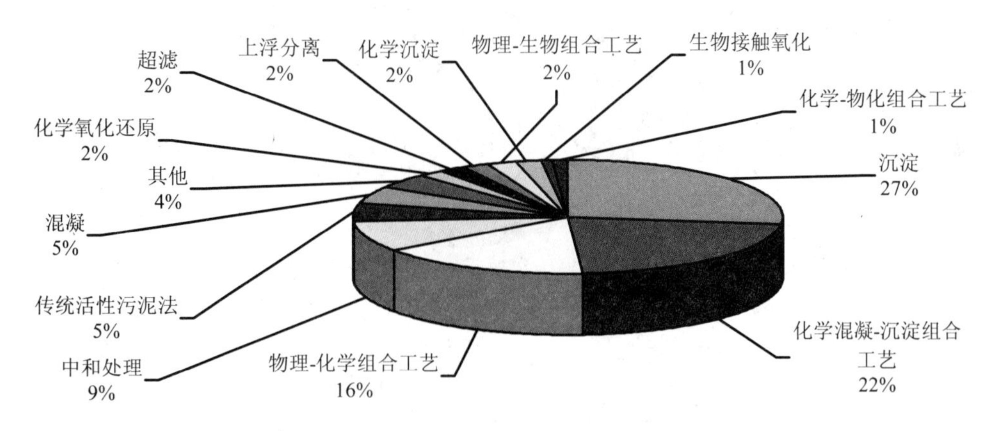

图 3-1　辽河流域冶金行业废水处理工艺组成比例

3.1.2　石化行业废水处理技术现状分析

2006 年，辽河流域石化行业 COD 排放量为 0.35 万 t，占辽河流域工业排放总量的 2.5%；氨氮排放量为 0.03 万 t，占辽河流域工业排放总量的 1.8%。

石化企业是工业行业的用水大户，石化废水具有排放量大、污染物组分复杂、处理难度大等特点。石化废水 COD 含量高，含油量大，重金属离子种类多、含量高，且成分、水质变化范围大。

对不同种类的石化废水，往往需要几种不同的治理技术综合使用才能达到理想的治理目的。石化污水的处理通常采用的处理流程可分为预处理和生物处理。预处理一般采用隔油池和气浮处理。生物处理一般采用 A/O 或生物膜处理工艺。废水经生物处理后再经混凝沉淀、过滤或活性炭吸附后排放。但是由于石化废水水量大、水质复杂、难生物降解，任何水质参数的变化都会对处理带来冲击，导致系统效率受到影响。

本研究 2009 年调研了辽宁省 109 个规模较大的石化企业，现行使用的水处理技术有（按使用频次由高到低排序）：物化-生物组合工艺、传统活性污泥法、物理-生物组合工艺、物理-化学组合工艺、化学-生物组合工艺、生物接触氧化、沉淀、化学混凝-沉淀组合工艺，各技术使用频次比例如图 3-2 所示。

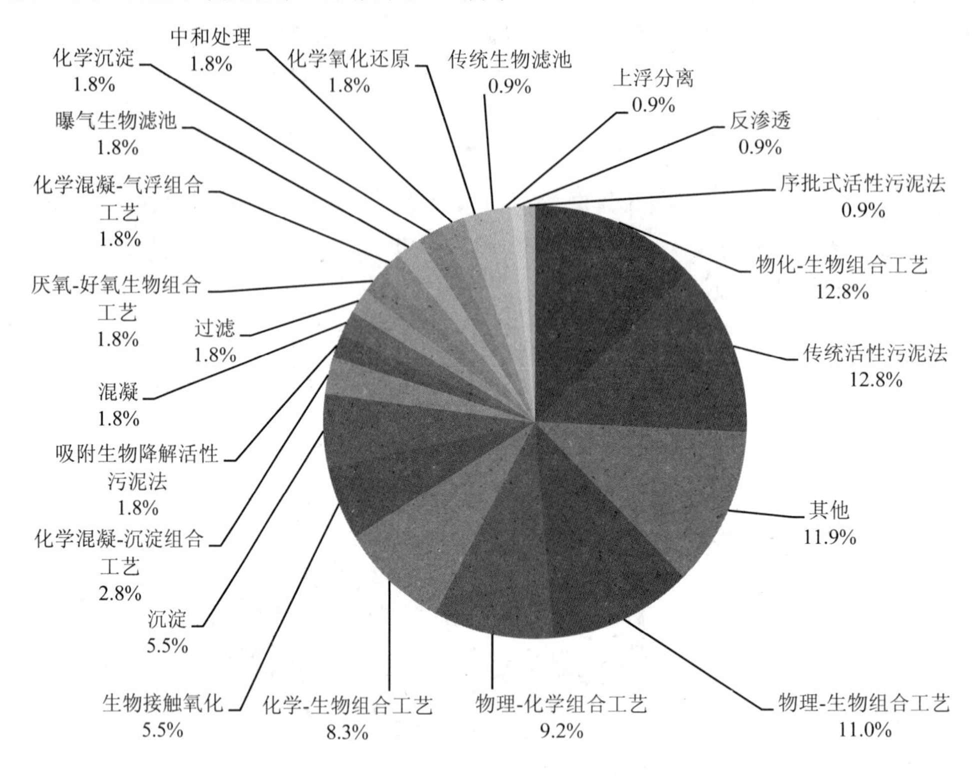

图 3-2 辽河流域石化行业废水处理工艺组成比例

3.1.3 制药行业废水处理技术现状分析

2006 年，辽河流域制药行业 COD 排放量为 0.92 万 t，占辽河流域工业排放总量的 6.6%；氨氮排放量为 0.03 万 t，占辽河流域工业排放总量的 1.83%。

制药行业按其产品类型可分为生物制药、化学制药和中草药三大类，不同的药品生产过程中，其原料、生产工艺和设备差别很大，废水排放的成分和浓度也有很大差异。其中，化学制药废水和生物制药废水是治理难度较大的两类废水，直接排放对环境危害大，间接排放也存在难降解物质“穿透”污水处理厂进入水环境造成环境风险的问题。

制药工业废水主要包括抗生素生产废水、合成药物生产废水、中成药生产废水以及各类制剂生产过程的洗涤水和冲洗废水四大类。此类废水的特点是成分复杂、有机物含量高、毒性大、色度深和含盐量高，往往含有种类繁多的有机污染物质，这些物质多属于难以生化降解的物质，可在相当长的时间内存留于环境中。特别是对人类健康具有致癌、致畸、致突变的“三致”有机污染物危害极大，即使在水体中浓度低于 10^{-9} mg/L 时仍会严重危害人类的健康。一般来说，制药废水采用传统的处理工艺很难实现达标排放，多采用预处理或组合工艺方式进行处理。制药废水作为典型的种类繁多、成分复杂的有机废水，其处理仍然是目前国内外水处理的难点和热点。

本研究 2009 年调研了辽宁省 29 个规模较大的制药企业，采用的水处理技术有（按使用频次由高到低排序）：传统活性污泥法、生物接触氧化、厌氧-好氧生物组合工艺、物理-化学组合工艺、曝气生物滤池、化学-生物组合工艺、物理-生物组合工艺、化学-物化组合工艺、过滤，各工艺使用频次比例如图 3-3 所示。

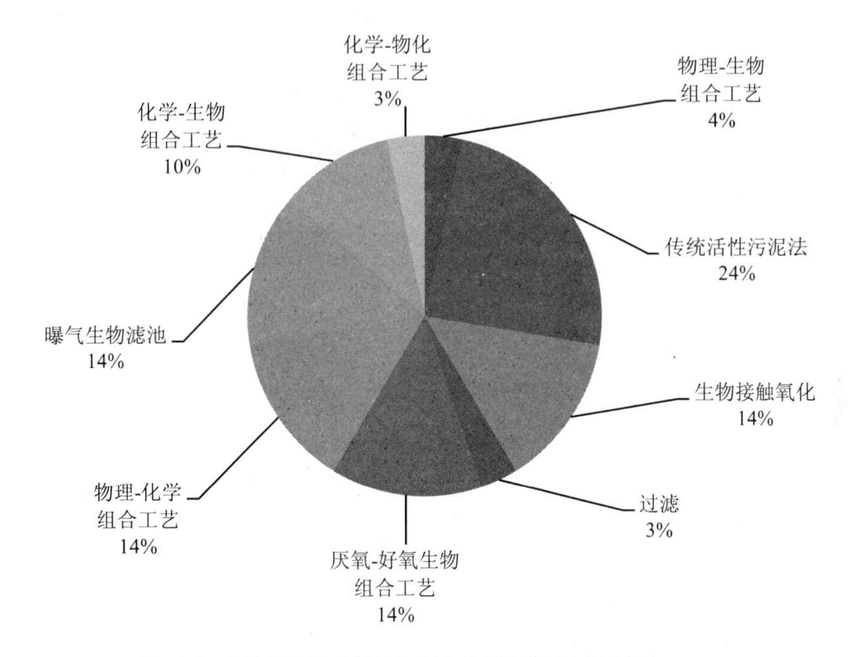

图 3-3　辽河流域制药行业废水处理工艺组成比例

3.1.4　纺织行业废水处理技术现状分析

2006 年，辽河流域纺织行业 COD 排放量为 0.41 万 t，占辽河流域工业排放总量的 3.0%；氨氮排放量为 0.02 万 t，占辽河流域工业排放总量的 1.2%。

纺织行业在我国工业行业当中，排污量列各工业行业第 4 位，其中印染废水占到了 80.0%，而其废水及染料的回用率却小于 10.0%。

纺织废水总体上属于有机废水，其所含的污染物主要为天然有机物质（天然纤维所含的蜡质、胶质、半纤维素、油脂等）及人工合成有机物质（染料、助剂、浆料等），往往含多种有机染料及其中间体，造成废水色度深、毒性强、难降解、pH 值波动大、组分变化大，且废水浓度高、水量大，所以一直是工业废水处理的一个难点。

本研究 2009 年调研了辽宁省 55 个规模较大的纺织企业，现行使用的技术有（按其使用频次由高到低排序）：化学混凝-气浮组合工艺、化学-生物组合工艺、物化-生物组合工艺、化学混凝-沉淀组合工艺、厌氧-好氧生物组合工艺、沉淀、物理-化学组合工艺、厌氧生物滤池、化学沉淀、化学-物化组合工艺、传统活性污泥法等，各工艺使用频次比例如图 3-4 所示。

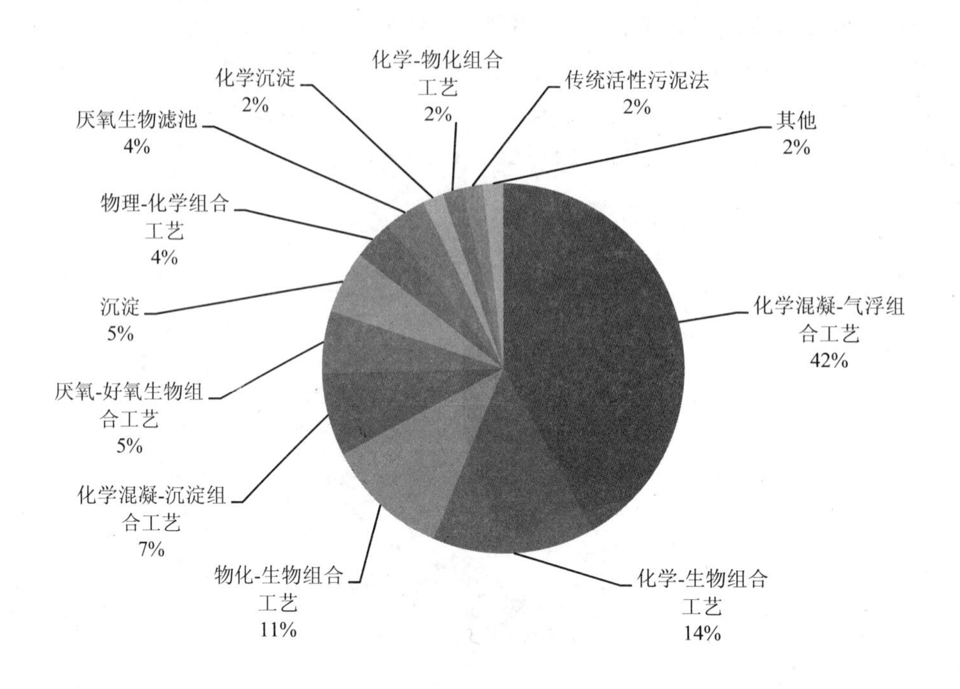

图 3-4 辽河流域纺织行业废水处理工艺组成比例

3.1.5 造纸行业废水处理技术现状分析

2006 年，辽河流域造纸行业 COD 排放量为 3.45 万 t，占辽河流域工业排放总量的 25.1%；氨氮排放量为 0.02 万 t，占辽河流域工业排放总量的 1.2%。

近些年来，我国的造纸业高速发展，纸及纸板消费的总量约为 5 000 万 t，人均消费达 38 kg。造纸过程中排放的“三废”尤其是废水治理不当将会对环境造成严重污染。我国造纸工业年废水排放量占全国工业总排放量的 15.6%，排放废水中 COD 占全国工业总排放量的 43.5%。造纸工业的污染问题，不但使产业发展受到限制，而且将对生态环境造成破坏。

造纸行业能耗、物耗高，是对环境污染严重的行业之一，其污染特性是废水排放量大，其中 COD、悬浮物（SS）含量高，色度严重。废水中 BOD 主要来源于制浆蒸煮工序，如纤维素分解生成的糖类、醇类、有机酸等；废水中的 COD 和着色物质主要来源于制浆蒸煮工序的木素及其衍生物；废水中的有毒物质主要是蒸煮废液中的粗硫酸盐皂、漂白废水中的有机氯化物（如二氯苯酚、氯邻苯二酚等），还有微量的汞、酚等。

本研究 2009 年调研了辽宁省 55 个规模较大的造纸企业，现行使用的技术有（按其使用频次由高到低排序）：化学混凝-气浮组合工艺、沉淀法、过滤法、上浮分离法、物化-生物组合工艺、化学混凝-沉淀组合工艺、化学-生物组合工艺、物理-生物组合工艺、物理-化学组合工艺等，各工艺使用频次比例如图 3-5 所示。

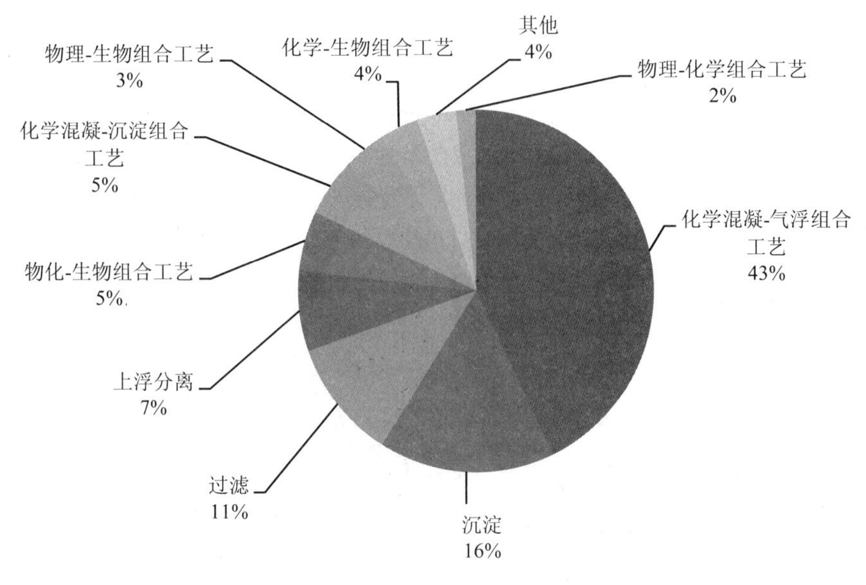

图 3-5　辽河流域造纸行业废水处理工艺组成比例

3.1.6　饮料行业废水处理技术现状分析

2006 年，辽河流域饮料行业 COD 排放量为 0.89 万 t，占辽河流域工业排放总量的 6.4%；氨氮排放量为 0.11 万 t，占辽河流域工业排放总量的 6.7%。

饮料工业是我国食品工业发展最快的行业之一。1980 年我国饮料总产量不足 30 万 t，1990 年猛增到 330 万 t，到 1997 年总产量已达 1 069 万 t，2009 年全国饮料产量突破 8 000 万 t。2009 年辽宁省总产量已达 455 万 t，占全国饮料产量的 5.69%。品种也由单一的汽水发展成为包括碳酸饮料、果汁及果汁饮料、蔬菜汁及蔬菜汁饮料、含乳饮料、植物蛋白饮料、瓶装饮用水、固体饮料、茶饮料和特殊用途饮料等在内的 10 大类。在饮料工业上规模上档次的同时，由此而产生的废水及其对环境的污染也逐渐被人们所重视。

饮料生产在我国起步较晚，废水处理技术和经验相对薄弱，饮料废水主要污染物为 COD。根据饮料品种的不同，饮料废水有机物浓度可分为高浓度、中浓度和低浓度，如乳品饮料废水 COD 较高，无碳酸饮料废水 COD 中等，茶饮料废水 COD 较低，饮料废水属于生化性较好的废水。

具体到辽宁省的饮料行业，酒类生产企业占到了该行业企业数量的 50%，酒类企业中啤酒行业占 88.9%。啤酒酿造过程产生的废水，具有废水量大，悬浮物质、有机物质含量高等特点，废水本身并无毒性，但含有大量可生物降解的有机物质，直接排入水体要消耗水中大量的溶解氧，造成水体缺氧，导致水生鱼类死亡；而且废水中含有大量无机盐等，导致水体富营养化，恶化水质污染环境，因此对其处理十分重要。

本研究 2009 年对辽宁省 18 个较大规模的饮料企业进行了调研，现行使用的废水处理工艺有（按使用频次由高到低排序）：厌氧-好氧组合工艺、传统活性污泥法、序批式活性污泥法、传统生物滤池、生物接触氧化、物理-生物组合工艺、化学-生物组合工艺，各工艺使用频次比例如图 3-6 所示。

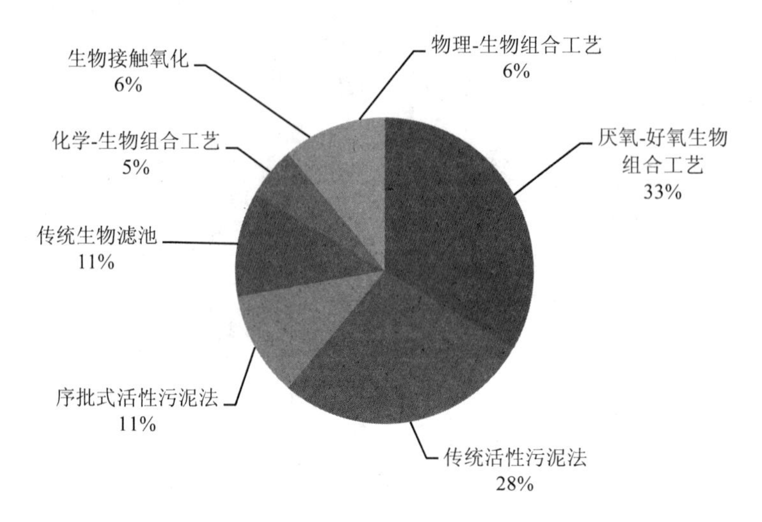

图 3-6 辽河流域饮料行业废水处理工艺组成比例

3.2 辽宁省重点单元典型行业水污染现状分析

辽宁省境内主要大小河流有 390 多条，总长约 16 万 km。形成该省的主要水系有辽河、浑河、大凌河、太子河、绕阳河以及鸭绿江等。不同地区水文状况不同，故将辽宁省按其主要河流或支流流向划分为六个单元：辽河上游单元，辽河河口单元，浑河上游单元，浑河沈抚单元，太子河单元，大辽河单元。

六大单元详细包含区域见表 3-2（表中数字为相应地区的行政区代码）。

表 3-2 辽河流域（辽宁省内）单元范围划分

序号	单元名称	流经市（县）名称
1	辽河上游单元	铁岭市（铁岭市区 211201、调兵山市 211281、清河区 211204、开原市 211282、铁岭县 211221、西丰县 211223、昌图县 211224）； 沈阳市（康平县 210123、法库县 210124、新民市 210181、辽中县 210122 部分）； 阜新市（彰武县 210922）
2	辽河河口单元	鞍山市（台安县 210321）； 盘锦市（盘山县 211122、盘锦市区 211101、大洼县 211121）
3	浑河上游单元	抚顺市（清原满族自治县 210423、新宾满族自治县 210422、抚顺县 210421）
4	浑河沈抚单元	抚顺市（抚顺市区 210401 即：东洲区、望花区、顺城区、新抚区）；沈阳市（沈阳市区 210101、辽中县 210122 部分）
5	太子河单元	本溪市（本溪市区 210501、本溪满族自治县 210521）；辽阳市（辽阳市区 211001、弓长岭区 211005、灯塔市 211081、辽阳县 211021）；鞍山市（鞍山市区 210301、海城市 210381）
6	大辽河单元	营口市（营口市区 210801、大石桥市 210882）

3.2.1 太子河单元重化工行业水污染治理技术现状

太子河单元是辽河流域污染最重的河段，常年处于劣Ⅴ类水质，也是典型的重化工污染水体。太子河单元中，重化工工业企业主要有钢铁冶金（如鞍山钢铁股份有限公司、本溪板材股份有限公司）、石化化纤（如辽宁庆阳特种化工有限公司、本溪东大鹅业有限公司、辽宁北方煤化工集团股份有限公司）和纺织印染（如辽宁振东印花厂、辽阳天华棉纺印染有限公司、辽阳县仁合印染厂）。2009 年太子河单元 6 个重点行业企业的废水排放量为 28 300 万 t，COD_{Cr} 排放量为 24 736 t，氨氮排放量为 1 466 t，这些企业的废水排放量占太子河流域工业废水排放总量的 60%，COD_{Cr} 排放量占总量的 70%以上，该单元内河段水环境污染严重，而且对汤河水库和葠窝水库的水质安全构成严重威胁。

单元污染特征：大型工业（钢铁冶金、石油化工、印染工业）群集中区，重工业污染严重。

本研究调研了辽河流域太子河单元 190 个企业的废水治理工艺，数据显示，企业使用最为广泛的技术包括：沉淀法（44 个）、混凝-气浮组合工艺（37 个）、好氧活性污泥法（29 个）、混凝-沉淀组合工艺（26 个）、中和处理工艺（10 个），使用这 5 种工艺的企业数共 146 个，占调研企业总数的 77%（图 3-7）。

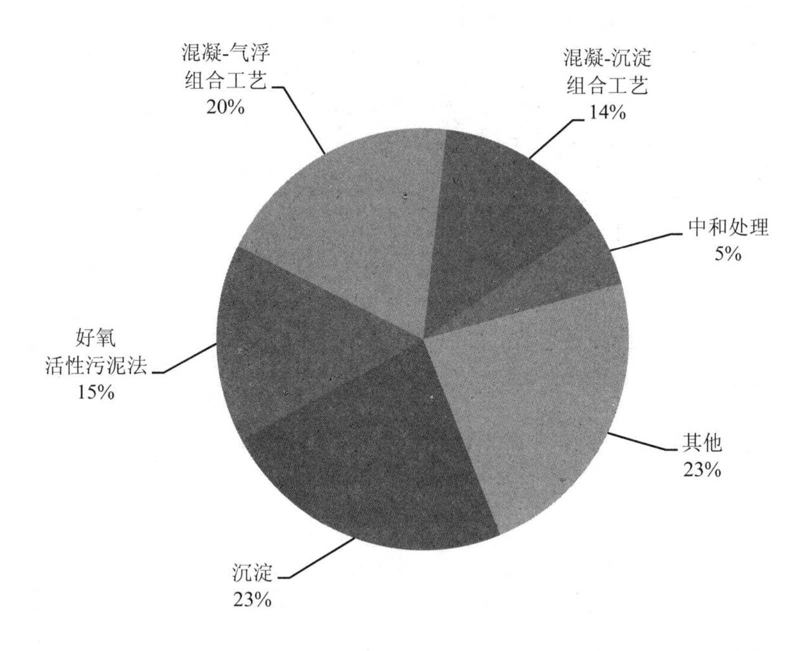

图 3-7　辽河流域太子河单元六大行业企业废水处理工艺组成

3.2.2 大辽河单元重化工行业水污染治理技术现状

大辽河是辽东湾污染物主要输入河流，对大辽河口及其河口邻近海域的环境监测调查表明，该地区 BOD_5 的含量均高于邻近海域的含量，且丰水期重金属含量高，平水期营养盐无机氮、无机磷含量最高，秋季易发生赤潮。

大辽河单元相对于太子河单元来说，污染程度稍轻。主要工业企业也集中在冶金、石化、纺织三个行业。大辽河河段氨氮、高锰酸盐指数、溶解氧周均值变化范围很大，悬浮物含量高。2009 年大辽河单元 6 个重点行业企业的废水排放量为 2 753 万 t，COD_{Cr} 排放量为 58 067 t，氨氮排放量为 584 t。

单元污染特征：以中小型冶金、石化、纺织企业为主。

本研究调研了大辽河营口单元六大行业的 47 个企业，使用最为广泛的技术包括：好氧活性污泥法（11 个）、混凝-沉淀组合工艺（9 个）、沉淀（5 个）、混凝（5 个）、好氧生物膜法（3 个）。使用这 5 种技术的企业共有 33 个，占调研企业总数的 70%（图 3-8）。

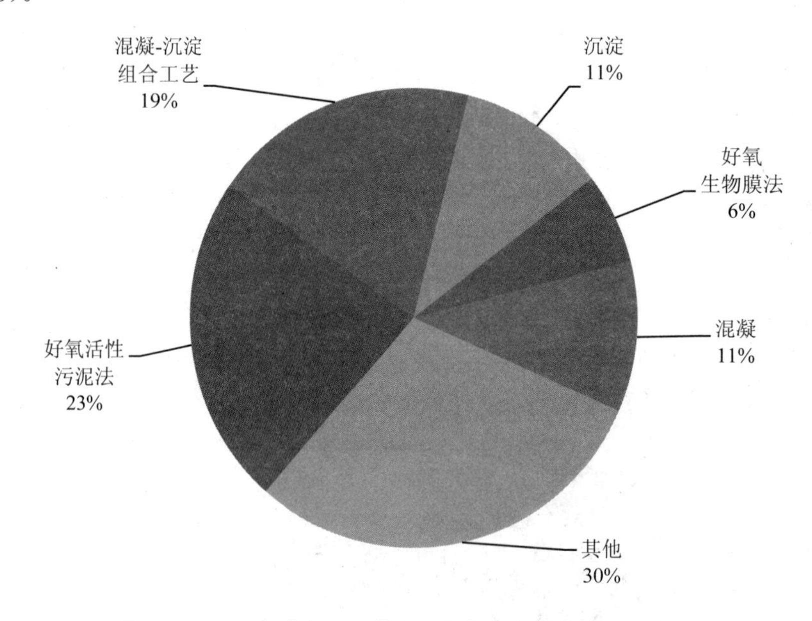

图 3-8　辽河流域大辽河单元六大行业企业废水处理工艺组成

3.2.3　浑河沈抚单元重化工行业水污染治理技术现状

沈抚地区是辽宁省的政治经济核心地区，也集中了大量的工业点源，石化业和制药业尤为集中。仅东北制药总厂等 10 家重点企业 COD 排放量就达 1.27 万 t，占该单元 COD 排放总量的 31.9%，占该流域工业排放总量的 58.4%；石化工业 COD 排放量也占该单元 COD 排放总量的 9.3%以上。2009 年浑河沈抚单元 6 个重点行业企业的废水排放量为 7 336 万 t，COD_{Cr} 排放量为 15 663 t，氨氮排放量为 1 035 t。

单元污染特征：浑河中游单元具有大型工业（石化和制药）群和城市群集中、城市工业趋同、上下游排污趋同、水环境污染叠加、水资源优化配置与协同治污机制尚未形成等问题，导致城市支流（如沈抚灌渠、细河）污染严重。

本研究调研了浑河沈抚单元的 98 个企业的废水处理工艺，统计数据显示，使用最为广泛的技术包括：好氧活性污泥法（36 个）、沉淀法（13 个）、好氧生物膜法（11 个）、中和处理法(9 个)，使用这 4 种工艺的企业数共 69 个，占调研企业总数的 70%(图 3-9)。

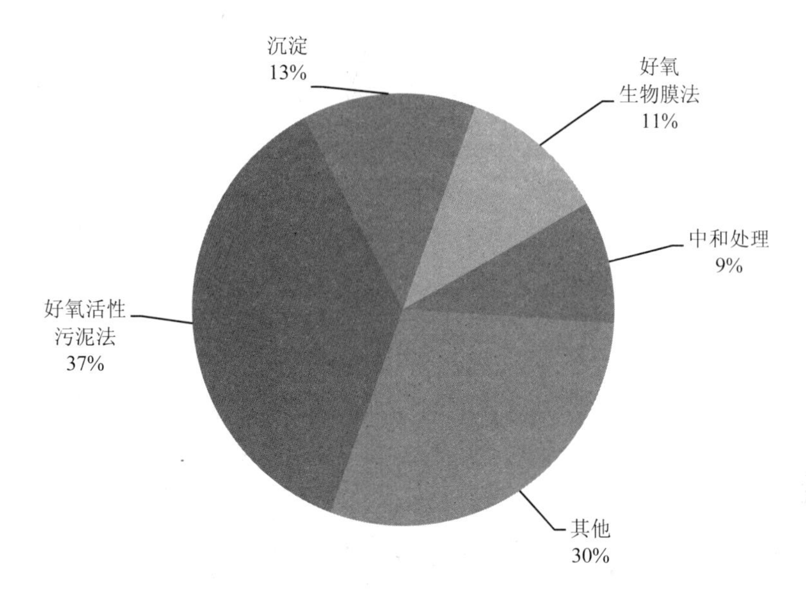

图 3-9 辽河流域浑河沈抚单元六大行业企业废水处理工艺组成

3.2.4 浑河上游单元水污染治理技术现状

浑河上游是供给以沈阳、抚顺为中心的城市群工农业和生活用水的大伙房水库的重要水源，其涵养水源量占大伙房水库入库水量的 52.7%。若上游水质发生污染或水源保护不到位，下游就很难保证有充沛的水源和优良的水质。

浑河上游地区工业不发达，污染主要来源于源头区水源涵养植被破坏导致的水土流失、地表径流及其所携带的 N、P 等面源污染；农村种植业、养殖业、生活污水产生的面源污染；矿山开采及其废水、废气、废渣的不合理排放造成的点源污染。而入库河道生态功能严重受损、河流自净能力显著下降等加剧了污染状况。

单元污染特征：农业面源、乡镇生活垃圾及城市生活污水导致上游饮用水水源地污染日益恶化。

2009 年浑河上游单元 6 个重点行业企业的废水排放量为 9 万 t，COD_{Cr} 排放量为 2.68 t，氨氮排放量为 0.01 t。

本研究调研了浑河上游单元的 3 个企业的废水处理工艺，使用的技术包括：沉淀法（1 个）、好氧生物膜法（1 个）、中和处理法（1 个）（图 3-10）。

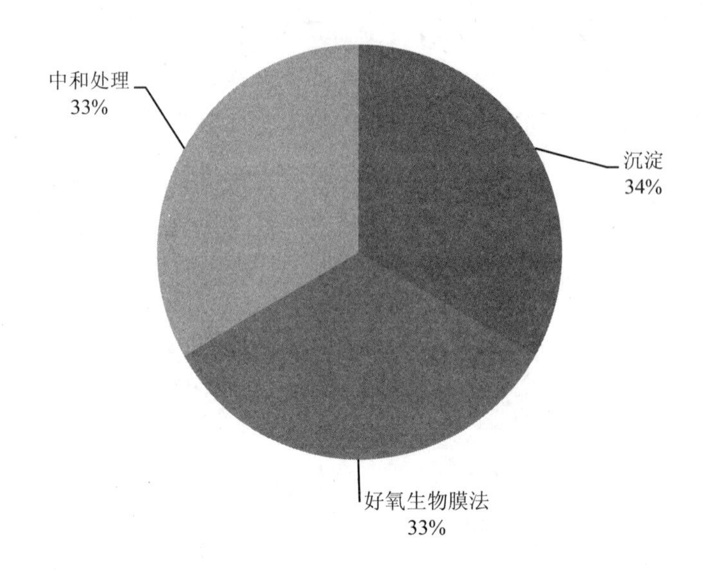

图 3-10 辽河流域浑河上游单元六大行业企业废水处理工艺组成

3.2.5 辽河河口单元重化工行业水污染治理技术现状

辽河河口单元位于辽河口湿地国家自然保护区上缘，地处河流和海洋生态系统的交汇处，属于生态环境敏感地区，且是辽河流域重要的工农业生产基地。该单元内，石油开采、联合化工及水稻种植等支柱产业的 GDP 占辽河下游地区的 40%左右。水环境质量受到本区排污、上游输污的双重胁迫，并成为辽东湾的污染输送终端。2009 年辽河河口单元 6 个重点行业企业的废水排放量为 2 036 万 t，COD_{Cr} 排放量为 6 162 t，氨氮排放量为 229 t。

单元污染特征：油田采油废水、化工废水与农业面源所构成的复合型污染严重；局地污染与上游污染叠加；辽河河口区湿地环境污染严重、湿地退化、生态功能急剧下降。

本研究调研了辽河河口单元六大行业的 11 个企业，企业使用最为广泛的技术包括：好氧活性污泥法（5 个）、好氧生物膜法（3 个）、混凝-气浮组合工艺（2 个）、厌氧污泥法（1 个）（图 3-11）。

3.2.6 辽河上游单元重化工行业水污染治理技术现状

辽河上游单元主要包括铁岭、法库、新民地区，是辽宁省重要的粮食产区，也是辽宁省主要的畜禽养殖区。该区现有集约化畜禽养殖场（区）396 个，排放粪便 7 200 多万 t，通过地表径流、直接排入附近水体等多种方式进入辽河的 COD_{Cr} 约 8.5 万 t（占辽河流域 COD_{Cr} 排放总量的 22%），氨氮 1.6 万 t，是造成辽河流域污染的重要污染源之一。

单元污染特征：以农业生产所导致的复合型污染为主，包括农村面源（以禽畜养殖污染为主）和分散点源（以糠醛工业废水为主）的污染。

2009 年，辽河上游单元 6 个重点行业企业的废水排放量为 196 万 t，COD_{Cr} 排放量为 574 t，氨氮排放量为 62 t。

本研究调研了辽河流域辽河上游单元六大行业的 34 个企业，企业使用最为广泛的技术包括：混凝-气浮组合工艺（10 个）、好氧活性污泥法（8 个）、沉淀法（5 个）、好氧生物膜法（3 个），使用这 4 种工艺的企业有 26 个，占调研企业总数的 76%（图 3-12）。

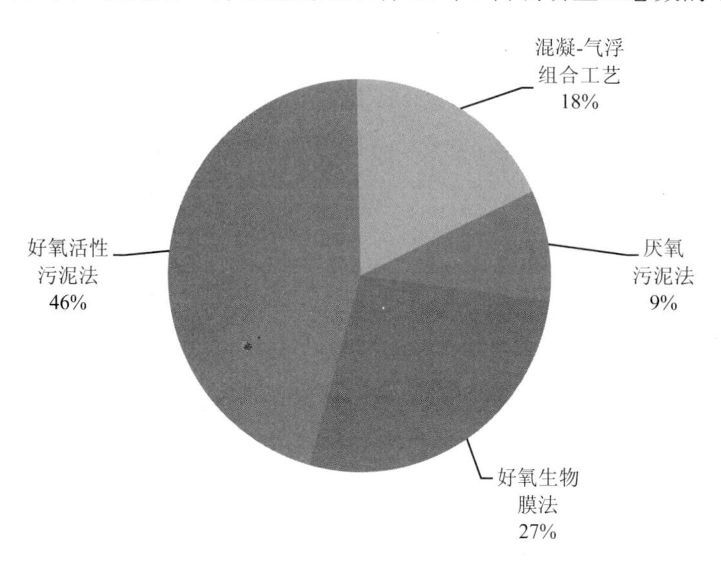

图 3-11　辽河流域辽河河口单元六大行业企业废水处理工艺组成

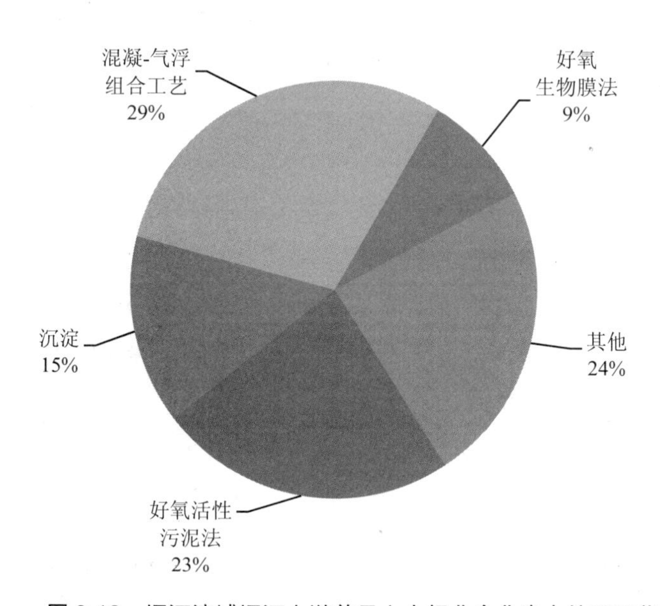

图 3-12　辽河流域辽河上游单元六大行业企业废水处理工艺组成

第 4 章　辽河流域典型行业水污染治理技术评估

本章从水处理技术的处理效果和经济效益两个方面对技术进行评价。

第一步，根据水处理技术的投资额、运行费用、减排收益等数据进行技术效益评价。第二步，利用模糊灰色集成评判法对其水处理效果进行评价，评价指标为化学需氧量 COD_{Cr}（以下简称 COD）去除率，生化需氧量 BOD_5（以下简称 BOD）去除率，氨氮去除率，石油类去除率，挥发酚去除率等（具体指标因行业废水的基本特征不同而异）。最后，利用多层次灰色综合评价法对水污染治理技术在经济效益和处理效果两方面的表现得出不同技术的综合评分；并根据综合得分情况，分别对辽宁省六大典型行业给出推荐使用的水处理技术。

4.1　辽宁省典型行业水污染治理技术评估

本节将对辽河流域（辽宁省内）冶金、石化、制药、纺织、造纸、饮料六大行业的水处理技术从处理效果、经济效益两个方面进行评价，并对两方面的评价结果加以整合，给出综合评价结果。

第 4 章及第 5 章中所提到的辽宁省均表示的是辽河流域在辽宁省内的区域。

4.1.1　冶金行业

第一步，对技术的经济效益情况进行分析评价

根据第 2.5 节中介绍的技术成本效益分析法，将污水处理中通过多种污染物减排所节省的排污费用作为该项技术的技术年收益，将技术初始投资按一定方法均摊在设备使用周期内，综合考虑利息及设备年使用维护费用等因素，将技术年收益与年均投资的比值作为技术收益率，并把它作为对该项水处理技术的经济效益情况进行考量的唯一指标。

参数选取情况如下：

❖ 设备建设周期假定为 3 年，年投资比例分别为 50%、30%和 20%;

❖ 银行年利率：0.36%;

❖ 社会折现率：0.08;

❖ 设备使用寿命：20 年。

具体计算步骤参照第 2.5 节，以下同。

表 4-1 为辽宁省冶金行业水处理技术效益评价结果。由表 4-1 可知，辽宁省冶金行业收益最高的技术为化学氧化还原，收益率为 0.584。

表 4-1　辽宁省冶金行业水处理技术效益评价

技术名称	总投资额/万元	运行费用/万元	收益/万元	收益率	使用频次
化学氧化还原	250.00	17.50	31.32	0.584	2
沉淀	450.70	180.52	30.84	0.441	23
化学混凝-沉淀组合工艺	3 127.49	961.66	65.77	0.227	19
超滤	4 136.50	129.50	77.58	0.151	2
传统活性污泥法	2 720.28	561.83	168.97	0.148	4
上浮分离	3 275.00	286.00	115.91	0.097	2
物理-生物组合工艺	1 201.50	11.50	26.06	0.091	2
中和处理	195.79	32.05	8.53	0.085	8
混凝	77.50	10.75	1.05	0.082	4
生物接触氧化	50.00	15.00	1.66	0.079	1
物理-化学组合工艺	1 583.74	100.39	12.70	0.035	14
化学沉淀	109.50	21.37	0.45	0.025	2
化学-物化组合工艺	7 477.00	1 032.00	26.00	0.013	1
其他	20.00	40.18	7.74	0.164	3

第二步，对技术的处理效果进行评价

本部分利用第 2.4 节中介绍的模糊灰色集成评价法，根据不同行业所设立的多种污染物去除指标体系，针对不同污染物去除的情况，首先建立最优指标序列，并将各种水处理技术的指标污染物去除率数据与最优序列进行关联度分析，计算关联度，关联度越大说明与最优序列越接近，即处理效果越好，并将关联度与权重的模糊综合评判得分作为该项水处理技术的处理效果的唯一考量指标，对水处理技术进行优劣排序。

计算过程参照第 2.4 节，以下同。

表 4-2 为辽宁省冶金行业水处理技术模糊灰色集成评价结果。由表 4-2 可知，辽宁省冶金行业处理效果最好的技术为传统活性污泥法，评价得分为 1.000（表中“—”表示未能获取此数据，以下同）。

第三步，将技术经济效益评价与处理效果评价的结果利用灰色综合评价法进行整合

将水处理技术的收益率与处理效果评分作为灰色综合评价的两个指标，根据权重值，对两方面的因素加以整合，整合结果作为该项水处理技术的综合评分，并根据综合评分对各单元、行业的水处理技术进行总体的优劣排序，以此为最终评价结果，从而给出单元、行业优选技术。

表 4-2 辽宁省冶金行业水处理技术模糊灰色集成评价

技术名称	COD 去除率	氨氮去除率	石油类去除率	评价得分	使用频次
传统活性污泥法	1.00	1.00	1.00	1.000	4
超滤	1.00	—	1.00	0.855	2
物理-生物组合工艺	0.77	0.95	0.97	0.812	2
沉淀	0.95	0.50	0.89	0.775	23
化学-物化组合工艺	0.80	0.60	0.93	0.721	1
中和处理	0.78	—	0.90	0.647	8
化学氧化还原	0.87	0.00	0.79	0.640	2
化学混凝-沉淀组合工艺	0.75	0.55	0.79	0.626	19
上浮分离	0.62	1.00	0.49	0.607	2
生物接触氧化	0.91	0.00	—	0.518	1
物理-化学组合工艺	0.63	0.31	0.59	0.505	14
化学沉淀	0.24	0.20	0.59	0.430	2
混凝	0.52	0.14	0.10	0.392	4
其他	0.66	0.00	0.51	0.477	3

在灰色综合评价法中，权重值是需要人为给出的，经专家和课题组成员讨论，权重值之比定为 1∶1，即对水处理技术的经济效益和处理效果平等看待，平均考虑两方面的因素，对评价结果进行整合。如在下一阶段的研究中，需要对某一方面的权重值进行改变，只需在原数据的基础上重新计算第三步的部分内容即可。

具体计算步骤参照第 2.2 节，以下同。

表 4-3 为辽宁省冶金行业水处理技术综合评价结果。由表 4-3 可知，辽宁省冶金行业综合评价最好的技术是化学氧化还原，综合评分为 0.729。

表 4-3 辽宁省冶金行业水处理技术综合评价

技术名称	收益率	处理效果评分	综合评分	使用频次
化学氧化还原	0.584	0.640	0.729	2
传统活性污泥法	0.148	1.000	0.698	4
沉淀	0.441	0.775	0.620	23
超滤	0.151	0.855	0.537	2
物理-生物组合工艺	0.091	0.812	0.492	2
化学混凝-沉淀组合工艺	0.227	0.626	0.446	19
化学-物化组合工艺	0.013	0.721	0.427	1
中和处理	0.085	0.647	0.413	8
上浮分离	0.097	0.607	0.403	2
生物接触氧化	0.079	0.518	0.374	1
物理-化学组合工艺	0.035	0.505	0.361	14
混凝	0.082	0.392	0.348	4
化学沉淀	0.025	0.430	0.343	2
其他	0.164	0.477	0.386	3

4.1.2　石化行业

表 4-4 为辽宁省石化行业水处理技术效益评价结果。由表 4-4 可知，辽宁省石化行业收益最高的技术为化学混凝-沉淀组合工艺，收益率为 2.500。

表 4-4　辽宁省石化行业水处理技术效益评价

技术名称	总投资额/万元	运行费用/万元	收益/万元	收益率	使用频次
化学混凝-沉淀组合工艺	40.50	2.83	16.61	2.500	3
传统生物滤池	96.50	10.00	49.05	2.249	1
物理-生物组合工艺	244.00	73.32	7.83	1.732	12
吸附生物降解活性污泥法	250.00	468.86	389.59	0.885	2
混凝	20.00	11.00	10.20	0.758	2
过滤	15.00	4.80	3.84	0.683	2
厌氧-好氧生物组合工艺	1 446.45	107.40	155.01	0.468	2
化学混凝-气浮组合工艺	44.00	7.65	5.64	0.460	2
物化-生物组合工艺	3 296.93	762.20	71.28	0.388	14
生物接触氧化	2 194.33	620.67	105.55	0.279	6
物理-化学组合工艺	255.25	71.91	40.84	0.180	10
传统活性污泥法	3 525.21	347.08	155.35	0.145	14
上浮分离	60.00	12.00	1.98	0.102	1
曝气生物滤池	760.00	88.34	13.95	0.077	2
化学沉淀	3.00	1.20	0.10	0.063	2
化学-生物组合工艺	691.11	124.86	9.60	0.060	9
中和处理	40.00	16.60	1.06	0.038	2
反渗透	50.00	4.00	0.31	0.031	1
沉淀	127.33	12.26	0.42	0.024	6
序批式活性污泥法	600.00	41.70	1.98	0.017	1
化学氧化还原	325.00	70.00	1.76	0.011	2
其他	367.04	151.33	80.67	1.447	13

表 4-5 为辽宁省石化行业水处理技术模糊灰色集成评价结果。由表 4-5 可知，辽宁省石化行业处理效果最好的技术为曝气生物滤池，评价得分为 0.995。

表 4-5 辽宁省石化行业水处理技术模糊灰色集成评价

技术名称	COD 去除率	氨氮去除率	石油类去除率	挥发酚去除率	评价得分	使用频次
曝气生物滤池	1.00	0.99	1.00	1.00	0.995	2
沉淀	0.94	1.00	1.00	1.00	0.952	6
厌氧-好氧生物组合工艺	0.90	0.72	0.99	0.93	0.811	2
过滤	0.90	0.76	0.93	0.96	0.800	2
物理-生物组合工艺	0.93	0.61	0.95	0.93	0.789	12
化学混凝-气浮组合工艺	0.87	0.69	0.94	0.96	0.777	2
物化-生物组合工艺	0.86	0.64	0.91	1.00	0.767	14
生物接触氧化	0.93	0.45	0.91	0.97	0.765	6
传统活性污泥法	0.85	0.65	0.94	0.96	0.761	14
化学混凝-沉淀组合工艺	0.91	0.80	0.95	—	0.696	3
吸附生物降解活性污泥法	0.80	0.80	0.80	0.80	0.677	2
物理-化学组合工艺	0.80	0.70	0.76	0.55	0.604	10
化学-生物组合工艺	0.87	0.36	0.80	—	0.555	9
传统生物滤池	0.85	0.88	—	—	0.525	1
化学氧化还原	0.83	0.90	—	—	0.524	2
中和处理	0.57	0.00	0.55	0.00	0.401	2
上浮分离	0.52	0.00	0.55	0.00	0.394	1
序批式活性污泥法	0.52	0.00	0.55	0.00	0.394	1
混凝	0.58	0.11	0.40	—	0.388	2
化学沉淀	0.55	0.49	—	—	0.382	2
反渗透	0.47	—	—	—	0.333	1
其他	0.93	0.67	0.72	1.00	0.748	13

表 4-6 为辽宁省石化行业水处理技术综合评价结果，由表 4-4 和表 4-5 的结果得出。由表 4-6 可知，辽宁省石化行业综合评价最好的技术是化学混凝-沉淀组合工艺，综合评分为 0.774。

表 4-6　辽宁省石化行业水处理技术综合评价

技术名称	收益率	处理效果评分	综合评分	使用频次
化学混凝-沉淀组合工艺	2.500	0.696	0.774	3
曝气生物滤池	0.077	0.995	0.750	2
沉淀	0.024	0.952	0.667	6
物理-生物组合工艺	1.732	0.789	0.637	12
传统生物滤池	2.249	0.525	0.626	1
过滤	0.683	0.800	0.539	2
厌氧-好氧生物组合工艺	0.468	0.811	0.533	2
化学混凝-气浮组合工艺	0.46	0.777	0.509	2
物化-生物组合工艺	0.388	0.767	0.498	14
生物接触氧化	0.279	0.765	0.491	6
吸附生物降解活性污泥法	0.885	0.677	0.482	2
传统活性污泥法	0.145	0.761	0.482	14
物理-化学组合工艺	0.180	0.604	0.410	10
化学-生物组合工艺	0.060	0.555	0.388	9
混凝	0.758	0.388	0.386	2
化学氧化还原	0.011	0.524	0.376	2
上浮分离	0.102	0.394	0.349	1
中和处理	0.038	0.401	0.348	2
化学沉淀	0.063	0.382	0.345	2
序批式活性污泥法	0.017	0.394	0.345	1
反渗透	0.031	0.333	0.334	1
其他	1.447	0.748	0.572	13

4.1.3 制药行业

表 4-7 为辽宁省制药行业水处理技术效益评价结果。由表 4-7 可知，辽宁省制药行业收益最高的技术为物理-生物组合工艺，收益率为 11.762。

表 4-7　辽宁省制药行业水处理技术效益评价

技术名称	总投资额/万元	运行费用/万元	收益/万元	收益率	使用频次
物理-生物组合工艺	44.00	2.00	86.83	11.762	1
传统活性污泥法	97.64	6.36	9.95	0.651	7
生物接触氧化	452.50	27.63	75.34	0.364	4
过滤	65.00	3.00	2.63	0.240	1
厌氧-好氧生物组合工艺	391.50	100.30	12.75	0.143	4
物理-化学组合工艺	2 655.00	888.88	354.43	0.101	4
曝气生物滤池	34.00	1.53	0.46	0.099	4
化学-生物组合工艺	57.00	12.10	0.70	0.057	3
化学-物化组合工艺	79.56	3.21	0.30	0.023	1

表 4-8 为辽宁省制药行业水处理技术模糊灰色集成评价结果。由表 4-8 可知，辽宁省制药行业处理效果最好的技术为曝气生物滤池，评价得分为 0.900。

表 4-8　辽宁省制药行业水处理技术模糊灰色集成评价

技术名称	COD 去除率	氨氮去除率	石油类去除率	评价得分	使用频次
曝气生物滤池	0.89	0.63	0.97	0.900	4
物理-生物组合工艺	0.92	—	1.00	0.807	1
物理-化学组合工艺	0.83	0.40	0.96	0.687	4
传统活性污泥法	0.80	0.60	0.78	0.675	7
化学-生物组合工艺	0.80	0.38	0.97	0.663	3
厌氧-好氧生物组合工艺	0.72	0.48	0.98	0.662	4
生物接触氧化	0.90	0.33	—	0.558	4
过滤	0.86	0.00	—	0.434	1
化学-物化组合工艺	0.83	—	0.00	0.400	1

表 4-9 为辽宁省制药行业水处理技术综合评价结果，由表 4-7 和表 4-8 的结果得出。由表 4-9 可知，辽宁省制药行业综合评价最好的技术是物理-生物组合工艺，综合评分为 0.864。

表 4-9　辽宁省制药行业水处理技术综合评价

技术名称	收益率	处理效果评分	综合评分	使用频次
物理-生物组合工艺	11.762	0.807	0.864	1
曝气生物滤池	0.099	0.900	0.667	4
物理-化学组合工艺	0.101	0.687	0.437	4
传统活性污泥法	0.651	0.675	0.436	7
厌氧-好氧生物组合工艺	0.143	0.662	0.424	4
化学-生物组合工艺	0.057	0.663	0.424	3
生物接触氧化	0.364	0.558	0.381	4
过滤	0.240	0.434	0.343	1
化学-物化组合工艺	0.023	0.400	0.333	1

4.1.4　纺织行业

表 4-10 为辽宁省纺织行业水处理技术效益评价结果。由表 4-10 可知，辽宁省纺织行业收益最高的技术为物理-化学组合工艺，收益率为 4.008。

表 4-10　辽宁省纺织行业水处理技术效益评价

技术名称	总投资额/万元	运行费用/万元	收益/万元	收益率	使用频次
物理-化学组合工艺	77.50	16.15	31.10	4.008	2
化学混凝-沉淀组合工艺	135.00	11.25	15.96	0.914	4
化学-生物组合工艺	194.59	97.18	68.97	0.910	8
化学沉淀	200.00	20.00	32.89	0.740	1
厌氧生物滤池	230.00	20.00	32.89	0.687	2
化学混凝-气浮组合工艺	305.57	52.30	26.30	0.393	23
厌氧-好氧生物组合工艺	74.00	6.67	6.44	0.342	3
沉淀	46.00	16.00	4.87	0.206	3
物化-生物组合工艺	483.87	136.93	40.70	0.197	6
化学-物化组合工艺	50.00	9.00	2.60	0.170	1
传统活性污泥法	45.00	4.40	0.08	0.008	1
其他	396.00	100.00	20.46	0.138	1

表 4-11 为辽宁省纺织行业水处理技术模糊灰色集成评价结果。由表 4-11 可知，辽宁省纺织行业处理效果最好的技术为厌氧-好氧生物组合工艺，评价得分为 0.959。

表 4-11　辽宁省纺织行业水处理技术模糊灰色集成评价

技术名称	COD 去除率	氨氮去除率	评价得分	使用频次
厌氧-好氧生物组合工艺	0.91	0.71	0.959	3
化学混凝-沉淀组合工艺	0.87	0.74	0.898	4
化学沉淀	0.91	—	0.819	1
化学-生物组合工艺	0.92	0	0.842	8
厌氧生物滤池	0.91	—	0.819	2
物理-化学组合工艺	0.82	0.34	0.697	2
化学混凝-气浮组合工艺	0.81	—	0.649	23
物化-生物组合工艺	0.67	0.39	0.553	6
沉淀	0.72	—	0.551	3
化学-物化组合工艺	0.72	—	0.551	1
传统活性污泥法	0.27	—	0.333	1
其他	0.89	—	0.778	1

表 4-12 为辽宁省纺织行业水处理技术综合评价结果，由表 4-10 和表 4-11 的结果得出。由表 4-12 可知，辽宁省纺织行业综合评价最好的技术是物理-化学组合工艺，综合评分为 0.772。

表 4-12　辽宁省纺织行业水处理技术综合评价

技术名称	收益率	处理效果评分	综合评分	使用频次
物理-化学组合工艺	4.008	0.697	0.772	2
厌氧-好氧生物组合工艺	0.342	0.959	0.676	3
化学混凝-沉淀组合工艺	0.914	0.898	0.615	4
化学-生物组合工艺	0.910	0.842	0.560	8
化学沉淀	0.740	0.819	0.535	1
厌氧生物滤池	0.687	0.819	0.533	2
化学混凝-气浮组合工艺	0.393	0.649	0.429	23
物化-生物组合工艺	0.197	0.553	0.390	6
沉淀	0.206	0.551	0.389	3
化学-物化组合工艺	0.170	0.551	0.388	1
传统活性污泥法	0.008	0.333	0.333	1
其他	0.138	0.778	0.487	1

4.1.5 造纸行业

表 4-13 为辽宁省造纸行业水处理技术效益评价结果。由表 4-13 可知，辽宁省造纸行业收益最高的技术为化学混凝-气浮组合工艺，收益率为 0.583。

表 4-13　辽宁省造纸行业水处理技术效益评价

技术名称	总投资额/万元	运行费用/万元	收益/万元	收益率	使用频次
化学混凝-气浮组合工艺	330.47	32.71	38.50	0.583	24
上浮分离	55.50	8.35	10.51	0.567	4
沉淀	24.67	11.94	8.46	0.526	9
物化-生物组合工艺	1 896.67	93.33	117.88	0.444	3
化学混凝-沉淀组合工艺	78.33	21.67	10.93	0.334	3
过滤	50.33	10.20	5.12	0.291	6
物理-生物组合工艺	55.00	16.50	2.81	0.122	2
化学-生物组合工艺	188.00	25.50	4.53	0.094	2
物理-化学组合工艺	20.00	13.20	0.07	0.004	1
其他	62.50	2.80	8.77	1.05	2

表 4-14 为辽宁省造纸行业水处理技术模糊灰色集成评价结果。由表 4-14 可知，辽宁省造纸行业处理效果最好的技术为沉淀，评价得分为 0.891。

表 4-14　辽宁省造纸行业水处理技术模糊灰色集成评价

技术名称	COD 去除率	BOD 去除率	评价得分	使用频次
沉淀	0.85	0.73	0.891	9
化学混凝-气浮组合工艺	0.79	0.67	0.791	24
物化-生物组合工艺	0.53	0.80	0.735	3
物理-生物组合工艺	0.89	0.00	0.729	2
上浮分离	0.85	0.00	0.68	4
过滤	0.78	0.34	0.665	6
化学-生物组合工艺	0.47	0.73	0.651	2
化学混凝-沉淀组合工艺	0.79	—	0.62	3
物理-化学组合工艺	0.53	—	0.464	1
其他	0.00	0.72	0.537	2

表 4-15 为辽宁省造纸行业水处理技术综合评价结果，由表 4-13 和表 4-14 的结果得出。由表 4-15 可知，辽宁省造纸行业综合评价最好的技术是沉淀，综合评分为 0.750。

表 4-15　辽宁省造纸行业水处理技术综合评价

技术名称	收益率	处理效果评分	综合评分	使用频次
沉淀	0.526	0.891	0.750	9
化学混凝-气浮组合工艺	0.583	0.791	0.605	24
物化-生物组合工艺	0.444	0.735	0.521	3
上浮分离	0.567	0.680	0.511	4
物理-生物组合工艺	0.122	0.729	0.465	2
过滤	0.291	0.665	0.447	6
化学混凝-沉淀组合工艺	0.334	0.620	0.431	3
化学-生物组合工艺	0.094	0.651	0.412	2
物理-化学组合工艺	0.004	0.464	0.333	1
其他	1.050	0.537	0.688	2

4.1.6　饮料行业

表 4-16 为辽宁省饮料行业水处理技术效益评价结果。由表 4-16 可知，辽宁省饮料行业收益最高的技术为厌氧-好氧生物组合工艺，收益率为 0.795。

表 4-16　辽宁省饮料行业水处理技术效益评价

技术名称	总投资额/万元	运行费用/万元	收益/万元	收益率	使用频次
厌氧-好氧生物组合工艺	426.92	26.74	62.77	0.795	6
传统活性污泥法	649.80	91.67	27.61	0.498	5
序批式活性污泥法	734.50	35.94	59.73	0.475	2
化学-生物组合工艺	518.70	79.00	64.03	0.449	1
生物接触氧化	1 160.00	69.19	84.21	0.399	1
物理-生物组合工艺	2.50	2.70	1.03	0.343	1
传统生物滤池	450.00	75.60	49.86	0.220	2

表 4-17 为辽宁省饮料行业水处理技术模糊灰色集成评价结果。由表 4-17 可知，辽宁省饮料行业处理效果最好的技术为生物接触氧化，评价得分为 0.887。

表 4-17　辽宁省饮料行业水处理技术模糊灰色集成评价

技术名称	COD 去除率	氨氮去除率	评价得分	使用频次
生物接触氧化	0.98	0.83	0.887	1
传统活性污泥法	0.95	0.81	0.788	5
物理-生物组合工艺	0.85	0.96	0.766	1
序批式活性污泥法	0.93	0.70	0.687	2
厌氧-好氧生物组合工艺	0.86	0.81	0.651	6
传统生物滤池	0.71	0.80	0.551	2
化学-生物组合工艺	0.94	—	0.541	1

表 4-18 为辽宁省饮料行业水处理技术综合评价结果，由表 4-16 和表 4-17 的结果得出。由表 4-18 可知，辽宁省饮料行业综合评价最好的技术是厌氧-好氧生物组合工艺，综合评分为 0.711。

表 4-18　辽宁省饮料行业水处理技术综合评价

技术名称	收益率	处理效果评分	综合评分	使用频次
厌氧-好氧生物组合工艺	0.795	0.651	0.711	6
生物接触氧化	0.399	0.887	0.710	1
传统活性污泥法	0.498	0.788	0.564	5
物理-生物组合工艺	0.343	0.766	0.489	1
序批式活性污泥法	0.475	0.687	0.469	2
化学-生物组合工艺	0.449	0.541	0.394	1
传统生物滤池	0.220	0.551	0.337	2

4.2　太子河单元典型行业水污染治理技术评估

4.2.1　冶金行业

表 4-19 为太子河单元冶金行业水处理技术效益评价结果。由表 4-19 可知，太子河单元冶金行业收益最高的技术为化学氧化还原，收益率为 1.118。

表 4-19　太子河单元冶金行业水处理技术效益评价

技术名称	总投资额/万元	运行费用/万元	收益/万元	收益率	使用频次
化学氧化还原	400.00	5.00	61.20	1.118	1
化学混凝-沉淀组合工艺	3 458.75	1 070.09	73.33	0.250	17
沉淀	269.15	133.26	16.70	0.171	20
超滤	4 136.50	129.50	77.58	0.149	2
传统活性污泥法	2 720.28	561.83	168.97	0.147	4
中和处理	748.65	70.40	30.61	0.097	2
物理-化学组合工艺	1 692.50	406.35	28.92	0.059	4
上浮分离	175.00	70.04	0.64	0.008	2
其他	10.00	100.00	21.18	0.209	1

表 4-20 为太子河单元冶金行业水处理技术模糊灰色集成评价结果。由表 4-20 可知，太子河单元冶金行业处理效果最好的技术为传统活性污泥法，评价得分为 1.000。

表 4-20　太子河单元冶金行业水处理技术模糊灰色集成评价

技术名称	COD 去除率	氨氮去除率	石油类去除率	评价得分	使用频次
传统活性污泥法	1.00	1.00	1.00	1.000	4
超滤	1.00	—	1.00	0.926	2
化学氧化还原	1.00	—	1.00	0.926	1
沉淀	0.93	0	0.84	0.749	20
物理-化学组合工艺	0.73	—	0.87	0.647	4
化学混凝-沉淀组合工艺	0.74	0.62	0.80	0.642	17
中和处理	0.50	—	0.90	0.596	2
上浮分离	0.25	—	0	0.333	2
其他	1.00	—	—	0.632	1

表 4-21 为太子河单元冶金行业水处理技术综合评价结果，由表 4-19 和表 4-20 的结果得出。由表 4-21 可知，太子河单元冶金行业综合评价最好的技术是化学氧化还原，

综合评分为 0.909。

表 4-21　太子河单元冶金行业水处理技术综合评价

技术名称	收益率	处理效果评分	综合评分	使用频次
化学氧化还原	1.118	0.926	0.909	1
传统活性污泥法	0.147	1.000	0.682	4
沉淀	0.171	0.926	0.594	20
超滤	0.149	0.749	0.467	2
化学混凝-沉淀组合工艺	0.25	0.642	0.436	17
物理-化学组合工艺	0.059	0.647	0.415	4
中和处理	0.097	0.596	0.402	2
上浮分离	0.008	0.333	0.333	2
其他	0.209	0.632	0.427	1

4.2.2　石化行业

表 4-22 为太子河单元石化行业水处理技术效益评价结果。由表 4-22 可知，太子河单元石化行业收益最高的技术为厌氧-好氧生物组合工艺，收益率为 0.914。

表 4-22　太子河单元石化行业水处理技术效益评价

技术名称	总投资额/万元	运行费用/万元	收益/万元	收益率	使用频次
厌氧-好氧生物组合工艺	1 492.89	150.00	306.69	0.914	1
吸附生物降解活性污泥法	250.00	468.86	389.59	0.880	2
传统活性污泥法	8 648.50	846.25	516.50	0.360	4
化学-生物组合工艺	150.00	18.00	4.86	0.133	1
物化-生物组合工艺	3 499.50	378.32	97.27	0.130	2
生物接触氧化	11 740.00	3 401.00	596.89	0.123	1
上浮分离	60.00	12.00	1.98	0.102	1
沉淀	1.00	0.20	0.03	0.088	1
中和处理	40.00	16.60	1.06	0.040	2
物理-化学组合工艺	89.48	6.57	1.64	0.040	3
序批式活性污泥法	600.00	41.70	1.98	0.017	1
化学氧化还原	150.00	20.00	0.12	0.003	1
其他	245.03	4.21	87.15	0.980	3

表 4-23 为太子河单元石化行业水处理技术模糊灰色集成评价结果。由表 4-23 可知，太子河单元石化行业处理效果最好的技术为沉淀，评价得分为 1.000。

表 4-23　太子河单元石化行业水处理技术模糊灰色集成评价

技术名称	COD去除率	氨氮去除率	石油类去除率	挥发酚去除率	评价得分	使用频次
沉淀	1.00	1.00	1.00	1.00	1.000	1
传统活性污泥法	0.88	0.50	0.93	0.97	0.728	4
生物接触氧化	0.88	0.37	0.91	0.97	0.705	1
吸附生物降解活性污泥法	0.80	0.80	0.80	0.80	0.664	2
厌氧-好氧生物组合工艺	0.94	0.99	—	—	0.641	1
化学-生物组合工艺	0.89	0.89	—	—	0.565	1
物化-生物组合工艺	0.85	0.49	0.69	—	0.534	2
物理-化学组合工艺	0.83	0.88	—	—	0.532	3
化学氧化还原	0.87	—	—	—	0.427	1
中和处理	0.57	0.00	0.55	0.00	0.392	2
上浮分离	0.52	0.00	0.55	0.00	0.384	1
序批式活性污泥法	0.52	0.00	0.55	0.00	0.384	1
其他	0.99	1.00	1.00	1.00	0.988	3

表 4-24 为太子河单元石化行业水处理技术综合评价结果，由表 4-22 和表 4-23 的结果得出。由表 4-24 可知，太子河单元石化行业综合评价最好的技术是沉淀，综合评分为 0.677。

表 4-24　太子河单元石化行业水处理技术综合评价

技术名称	收益率	处理效果评分	综合评分	使用频次
沉淀	0.088	1.000	0.677	1
厌氧-好氧生物组合工艺	0.914	0.641	0.671	1
吸附生物降解活性污泥法	0.880	0.664	0.654	2
传统活性污泥法	0.360	0.728	0.486	4
生物接触氧化	0.123	0.705	0.437	1
化学-生物组合工艺	0.133	0.565	0.390	1
物化-生物组合工艺	0.130	0.534	0.381	2
物理-化学组合工艺	0.040	0.532	0.369	3
上浮分离	0.102	0.384	0.345	1
化学氧化还原	0.003	0.427	0.341	1
中和处理	0.040	0.392	0.339	2
序批式活性污泥法	0.017	0.384	0.335	1
其他	0.980	0.988	0.981	3

4.2.3 制药行业

表 4-25 为太子河单元制药行业水处理技术效益评价结果。由表 4-25 可知，太子河单元制药行业收益最高的技术为物理-生物组合工艺，收益率为 11.622。

表 4-25 太子河单元制药行业水处理技术效益评价

技术名称	总投资额/万元	运行费用/万元	收益/万元	收益率	使用频次
物理-生物组合工艺	44.00	2.00	86.83	11.622	1
曝气生物滤池	12.50	0.80	0.21	0.090	2
化学-生物组合工艺	80.00	0.50	0.58	0.056	1
传统活性污泥法	169.25	7.95	1.27	0.052	2

表 4-26 为太子河单元制药行业水处理技术模糊灰色集成评价结果。由表 4-26 可知，太子河单元制药行业处理效果最好的技术为曝气生物滤池，评价得分为 1.000。

表 4-26 太子河单元制药行业水处理技术模糊灰色集成评价

技术名称	COD 去除率	氨氮去除率	石油类去除率	评价得分	使用频次
曝气生物滤池	1.00	1.00	1.00	1.000	2
物理-生物组合工艺	0.92	—	1.00	0.695	1
化学-生物组合工艺	0.80	—	0.97	0.582	1
传统活性污泥法	0.78	—	0.48	0.333	2

表 4-27 为太子河单元制药行业水处理技术综合评价结果，由表 4-25 和表 4-26 的结果得出。由表 4-27 可知，太子河单元制药行业综合评价最好的技术是物理-生物组合工艺，综合评分为 0.761。

表 4-27 太子河单元制药行业水处理技术综合评价

技术名称	收益率	处理效果评分	综合评分	使用频次
物理-生物组合工艺	11.622	0.695	0.761	1
曝气生物滤池	0.090	1.000	0.667	2
化学-生物组合工艺	0.056	0.582	0.389	1
传统活性污泥法	0.052	0.333	0.333	2

4.2.4 纺织行业

表 4-28 为太子河单元纺织行业水处理技术效益评价结果。由表 4-28 可知，太子河单元纺织行业收益最高的技术为物理-化学组合工艺，收益率为 7.584。

表 4-28　太子河单元纺织行业水处理技术效益评价

技术名称	总投资额/万元	运行费用/万元	收益/万元	收益率	使用频次
物理-化学组合工艺	45.00	0.70	47.75	7.584	1
化学-生物组合工艺	176.71	96.21	68.49	0.886	8
化学沉淀	200.00	20.00	32.89	0.733	1
厌氧生物滤池	230.00	20.00	32.89	0.681	2
化学混凝-气浮组合工艺	305.57	52.30	26.30	0.39	23
物化-生物组合工艺	232.50	22.80	2.50	0.053	2
沉淀	12.00	15.00	0.69	0.042	1
传统活性污泥法	45.00	4.40	0.08	0.008	1
其他	396.00	100.00	20.46	0.137	1

表 4-29 为太子河单元纺织行业水处理技术模糊灰色集成评价结果。由表 4-29 可知，太子河单元纺织行业处理效果最好的技术为化学沉淀，评价得分为 0.910。

表 4-29　太子河单元纺织行业水处理技术模糊灰色集成评价

技术名称	COD 去除率	氨氮去除率	评价得分	使用频次
化学沉淀	0.91	—	0.910	1
厌氧生物滤池	0.91	—	0.910	2
化学-生物组合工艺	0.86	0	0.860	8
物理-化学组合工艺	0.85	0	0.850	1
化学混凝-气浮组合工艺	0.79	—	0.790	23
物化-生物组合工艺	0.66	0	0.660	2
传统活性污泥法	0.27	—	0.270	1
沉淀	0.13	—	0.130	1
其他	0.89	—	0.890	1

表 4-30 为太子河单元纺织行业水处理技术综合评价结果。由表 4-30 可知，太子河单元纺织行业综合评价最好的技术是物理-化学组合工艺，综合评分为 0.933。

表 4-30 太子河单元纺织行业水处理技术综合评价

技术名称	收益率	处理效果评分	综合评分	使用频次
物理-化学组合工艺	7.584	0.85	0.933	1
化学沉淀	0.733	0.91	0.678	1
厌氧生物滤池	0.681	0.91	0.677	2
化学-生物组合工艺	0.886	0.86	0.624	8
化学混凝-气浮组合工艺	0.390	0.79	0.555	23
物化-生物组合工艺	0.053	0.66	0.472	2
传统活性污泥法	0.008	0.27	0.356	1
沉淀	0.042	0.13	0.334	1
其他	0.137	0.89	0.644	1

4.2.5 造纸行业

表 4-31 为太子河单元造纸行业水处理技术效益评价结果。由表 4-31 可知，太子河单元造纸行业收益最高的技术为上浮分离，收益率为 5.371。

表 4-31 太子河单元造纸行业水处理技术效益评价

技术名称	总投资额/万元	运行费用/万元	收益/万元	收益率	使用频次
上浮分离	14.00	15.00	89.92	5.371	1
沉淀	18.86	13.07	15.10	1.020	7
化学混凝-沉淀组合工艺	102.50	30.00	35.89	0.805	2
化学混凝-气浮组合工艺	65.78	45.51	51.28	0.768	13
物化-生物组合工艺	595.00	140.00	171.70	0.677	2
化学-生物组合工艺	220.00	21.00	14.09	0.291	1

表 4-32 为太子河单元造纸行业水处理技术模糊灰色集成评价结果。由表 4-32 可知，太子河单元造纸行业处理效果最好的技术为化学-生物组合工艺，评价得分为 0.763。

表 4-32 太子河单元造纸行业水处理技术模糊灰色集成评价

技术名称	COD 去除率	BOD 去除率	评价得分	使用频次
化学-生物组合工艺	0.94	0.77	0.763	1
上浮分离	0.80	0.89	0.738	1
沉淀	0.81	0.76	0.500	7
化学混凝-沉淀组合工艺	0.70	0.78	0.450	2
物化-生物组合工艺	0.80	0.70	0.442	2
化学混凝-气浮组合工艺	0.80	0.61	0.396	13

表 4-33 为太子河单元造纸行业水处理技术综合评价结果，由表 4-31 和表 4-32 的结果得出。由表 4-33 可知，太子河单元造纸行业综合评价最好的技术是上浮分离，综合评分为 0.940。

表 4-33 太子河单元造纸行业水处理技术综合评价

技术名称	收益率	处理效果评分	综合评分	使用频次
上浮分离	5.371	0.738	0.940	1
化学-生物组合工艺	0.291	0.763	0.667	1
沉淀	1.020	0.500	0.390	7
化学混凝-沉淀组合工艺	0.805	0.450	0.364	2
物化-生物组合工艺	0.677	0.442	0.357	2
化学混凝-气浮组合工艺	0.768	0.396	0.344	13

4.2.6 饮料行业

表 4-34 为太子河单元饮料行业水处理技术效益评价结果。由表 4-34 可知，太子河单元饮料行业收益最高的技术为传统活性污泥法，收益率为 1.120。

表 4-34 太子河单元饮料行业水处理技术效益评价

技术名称	总投资额/万元	运行费用/万元	收益/万元	收益率	使用频次
传统活性污泥法	235.00	29.50	40.89	1.120	2
序批式活性污泥法	700.00	40.00	128.09	1.008	1
厌氧-好氧生物组合工艺	517.30	30.33	53.91	0.569	1
物理-生物组合工艺	2.50	2.70	1.20	0.399	1
生物接触氧化	1 160.00	69.19	84.53	0.396	1

表 4-35 为太子河单元饮料行业水处理技术模糊灰色集成评价结果。由表 4-35 可知，太子河单元饮料行业处理效果最好的技术为传统活性污泥法，评价得分为 0.612。

表 4-35 太子河单元饮料行业水处理技术模糊灰色集成评价

技术名称	COD 去除率	氨氮去除率	评价得分	使用频次
传统活性污泥法	0.92	0.88	0.612	2
序批式活性污泥法	0.90	0.90	0.610	1
生物接触氧化	0.98	0.83	0.776	1
厌氧-好氧生物组合工艺	0.94	0.60	0.466	1
物理-生物组合工艺	0.85	0.96	0.690	1

表 4-36 为太子河单元饮料行业水处理技术综合评价结果。由表 4-36 可知，太子河单元饮料行业综合评价最好的技术是传统活性污泥法，综合评分为 0.743。

表 4-36　太子河单元饮料行业水处理技术综合评价

技术名称	收益率	处理效果评分	综合评分	使用频次
传统活性污泥法	1.120	0.612	0.743	2
厌氧-好氧生物组合工艺	0.569	0.776	0.698	1
序批式活性污泥法	1.008	0.610	0.623	1
生物接触氧化	0.396	0.690	0.488	1
物理-生物组合工艺	0.399	0.466	0.334	1

4.3　大辽河单元典型行业水污染治理技术评估

4.3.1　冶金行业

表 4-37 为大辽河单元冶金行业水处理技术效益评价结果。由表 4-37 可知，大辽河单元冶金行业收益最高的技术为物理-生物组合工艺，收益率为 0.164，技术收益普遍较低。

表 4-37　大辽河单元冶金行业水处理技术效益评价

技术名称	总投资额/万元	运行费用/万元	收益/万元	收益率	使用频次
物理-生物组合工艺	2 400.0	20.00	52.07	0.164	1
混凝	77.5	10.75	1.05	0.081	4
物理-化学组合工艺	2 527.8	76.80	11.70	0.046	5
化学氧化还原	100.0	30.00	1.44	0.034	1
化学沉淀	51.0	9.77	0.42	0.025	2
化学混凝-沉淀组合工艺	423.4	60.00	1.44	0.013	1
化学-物化组合工艺	7 477.0	1 032.00	26.00	0.013	1

表 4-38 为大辽河单元冶金行业水处理技术模糊灰色集成评价结果。由表 4-38 可知，大辽河单元冶金行业处理效果最好的技术为物理-生物组合工艺，评价得分为 1.000。

表 4-38　大辽河单元冶金行业水处理技术模糊灰色集成评价

技术名称	COD去除率	氨氮去除率	石油类去除率	评价得分	使用频次
物理-生物组合工艺	0.97	0.95	0.97	1.000	1
化学-物化组合工艺	0.80	0.60	0.93	0.736	1
化学氧化还原	0.75	0.00	0.57	0.528	1
化学混凝-沉淀组合工艺	0.75	0.00	0.57	0.528	1
物理-化学组合工艺	0.80	0.32	0.19	0.524	5
混凝	0.52	0.14	0.10	0.399	4
化学沉淀	0.20	0.23	0.11	0.349	2

由表 4-37 和表 4-38 的结果得出大辽河单元冶金行业水处理技术综合评价结果，见表 4-39。由表 4-39 可知，大辽河单元冶金行业综合评价最好的技术是物理-生物组合工艺，综合评分为 1.000。

表 4-39　大辽河单元冶金行业水处理技术综合评价

技术名称	收益率	处理效果评分	综合评分	使用频次
物理-生物组合工艺	0.164	1.000	1.000	1
化学-物化组合工艺	0.013	0.736	0.443	1
混凝	0.081	0.399	0.414	4
物理-化学组合工艺	0.046	0.524	0.398	5
化学氧化还原	0.034	0.528	0.388	1
化学混凝-沉淀组合工艺	0.013	0.528	0.371	1
化学沉淀	0.025	0.349	0.343	2

4.3.2　石化行业

表 4-40 为大辽河单元石化行业水处理技术效益评价结果。由表 4-40 可知，大辽河单元石化行业收益最高的技术为物理-生物组合工艺，收益率为 3.341。

表 4-40　大辽河单元石化行业水处理技术效益评价

技术名称	总投资额/万元	运行费用/万元	收益/万元	收益率	使用频次
物理-生物组合工艺	18.67	1.13	12.48	3.341	6
生物接触氧化	90.00	6.50	15.04	0.734	2
过滤	10.00	7.00	2.04	0.248	1
物化-生物组合工艺	1 696.00	77.50	18.77	0.047	2
物理-化学组合工艺	407.50	160.80	13.23	0.042	2
化学混凝-沉淀组合工艺	5.50	0.70	0.05	0.034	1
化学氧化还原	500.00	120.00	3.39	0.019	1
沉淀	175.00	17.67	0.30	0.008	2
传统活性污泥法	160.00	0.50	0.03	0.001	1

表 4-41 为大辽河单元石化行业水处理技术模糊灰色集成评价结果。由表 4-41 可知，大辽河单元石化行业处理效果最好的技术为物化-生物组合工艺，评价得分为 0.817。

表 4-41　大辽河单元石化行业水处理技术模糊灰色集成评价

技术名称	COD去除率	氨氮去除率	石油类去除率	挥发酚去除率	评价得分	使用频次
物化-生物组合工艺	0.90	0.95	1.00	1.00	0.817	2
过滤	1.00	1.00	—	—	0.745	1
生物接触氧化	1.00	1.00	—	—	0.745	2
物理-生物组合工艺	1.00	—	—	0.99	0.674	6
传统活性污泥法	0.83	0.99	—	—	0.544	1
沉淀	1.00	—	—	—	0.540	2
化学混凝-沉淀组合工艺	0.93	0.77	—	—	0.520	1
化学氧化还原	0.80	0.90	—	—	0.487	1
物理-化学组合工艺	0.95	0.00	—	—	0.437	2

由表 4-40 和表 4-41 得出大辽河单元石化行业水处理技术综合评价结果，见表 4-42。由表可知，大辽河单元石化行业综合评价最好的技术是物理-生物组合工艺，综合评分为 0.785。

表 4-42　大辽河单元石化行业水处理技术综合评价

技术名称	收益率	处理效果评分	综合评分	使用频次
物理-生物组合工艺	3.341	0.674	0.785	6
物化-生物组合工艺	0.047	0.817	0.668	2
生物接触氧化	0.734	0.745	0.558	2
过滤	0.248	0.745	0.538	1
传统活性污泥法	0.001	0.544	0.372	1
沉淀	0.008	0.540	0.370	2
化学混凝-沉淀组合工艺	0.034	0.520	0.363	1
化学氧化还原	0.019	0.487	0.350	1
物理-化学组合工艺	0.042	0.437	0.335	2

4.3.3　制药行业

大辽河单元制药行业中，参与调查的企业仅有 1 家，该企业使用生物接触氧化技术，收益率仅为 0.018，指标污染物去除效果非常好（去除率均在 95%以上）。

4.3.4　纺织行业

表 4-43 为大辽河单元纺织行业水处理技术效益评价结果。由表 4-43 可知，大辽河

单元纺织行业收益最高的技术为化学混凝-沉淀组合工艺，收益率为 0.900。

表 4-43 大辽河单元纺织行业水处理技术效益评价

技术名称	总投资额/万元	运行费用/万元	收益/万元	收益率	使用频次
化学混凝-沉淀组合工艺	135.00	11.25	15.96	0.900	4
物理-化学组合工艺	110.00	31.60	14.45	0.319	1
物化-生物组合工艺	609.55	194.00	59.80	0.270	4
化学-物化组合工艺	50.00	9.00	2.60	0.171	1
厌氧-好氧组合工艺	12.00	8.00	0.09	0.009	1
沉淀	30.00	0.00	0.00	0.001	1

表 4-44 为大辽河单元纺织行业水处理技术模糊灰色集成评价结果。由表 4-44 可知，大辽河单元纺织行业处理效果最好的技术为化学混凝-沉淀组合工艺，评价得分为 0.831。

表 4-44 大辽河单元纺织行业水处理技术模糊灰色集成评价

技术名称	COD 去除率	氨氮去除率	评价得分	使用频次
化学混凝-沉淀组合工艺	0.91	0.54	0.831	4
厌氧-好氧组合工艺	0.55	0.71	0.751	1
沉淀	0.00	0.73	0.663	1
物理-化学组合工艺	0.72	0.40	0.616	1
物化-生物组合工艺	0.72	0.29	0.581	4
化学-物化组合工艺	0.72	—	0.521	1

由表 4-43 和表 4-44 的结果得出大辽河单元纺织行业水处理技术综合评价结果，见表 4-45。由表可知，大辽河单元纺织行业综合评价最好的技术是化学混凝-沉淀组合工艺，综合评分为 1.000。

表 4-45 大辽河单元纺织行业水处理技术综合评价

技术名称	收益率	处理效果评分	综合评分	使用频次
化学混凝-沉淀组合工艺	0.900	0.831	1.000	4
厌氧-好氧组合工艺	0.009	0.751	0.497	1
物理-化学组合工艺	0.319	0.616	0.428	1
沉淀	0.001	0.663	0.407	1
物化-生物组合工艺	0.270	0.581	0.400	4
化学-物化组合工艺	0.171	0.521	0.357	1

4.4 浑河沈抚单元典型行业水污染治理技术评估

4.4.1 冶金行业

表 4-46 为浑河沈抚单元冶金行业水处理技术效益评价结果。由表 4-46 可知，浑河沈抚单元冶金行业收益最高的技术为沉淀，收益率为 0.338，收益率普遍较低。

表 4-46 浑河沈抚单元冶金行业水处理技术效益评价

技术名称	总投资额/万元	运行费用/万元	收益/万元	收益率	使用频次
沉淀	2 560.00	765.39	185.17	0.338	2
上浮分离	6 500.00	500.00	230.60	0.176	1
中和处理	11.50	19.27	1.17	0.080	6
生物接触氧化	50.00	15.00	1.66	0.078	1
化学混凝-沉淀组合工艺	200.00	20.00	1.66	0.037	1
物理-生物组合工艺	3.00	3.00	0.05	0.016	1
物理-化学组合工艺	1 130.68	58.90	0.88	0.005	5
化学沉淀	144.00	35.20	0.08	0.001	1
其他	25.00	10.28	1.02	0.140	2

表 4-47 为浑河沈抚单元冶金行业水处理技术模糊灰色集成评价结果。由表 4-47 可知，浑河沈抚单元冶金行业处理效果最好的技术为上浮分离，评价得分为 1.000。

表 4-47 浑河沈抚单元冶金行业水处理技术模糊灰色集成评价

技术名称	COD去除率	氨氮去除率	石油类去除率	评价得分	使用频次
上浮分离	0.99	1.00	0.99	1.000	1
沉淀	0.99	1.00	0.97	0.986	2
化学沉淀	0.29	—	0.97	0.555	1
生物接触氧化	0.91	0.00	—	0.552	1
化学混凝-沉淀组合工艺	0.91	0.00	—	0.552	1
中和处理	0.88	—	—	0.528	6
物理-化学组合工艺	0.42	0.31	0.76	0.495	5
物理-生物组合工艺	0.57	—	—	0.389	1
其他	0.49	0.00	0.51	0.431	2

由表 4-46 和表 4-47 的结果得出浑河沈抚单元冶金行业水处理技术综合评价结果，见表 4-48。由表 4-48 可知，浑河沈抚单元冶金行业综合评价最好的技术是沉淀，综合

评分为 0.978。

表 4-48　浑河沈抚单元冶金行业水处理技术综合评价

技术名称	收益率	处理效果评分	综合评分	使用频次
沉淀	0.338	0.986	0.978	2
上浮分离	0.176	1.000	0.755	1
生物接触氧化	0.078	0.552	0.399	1
中和处理	0.08	0.528	0.394	6
化学混凝-沉淀组合工艺	0.037	0.552	0.382	1
化学沉淀	0.001	0.555	0.37	1
物理-化学组合工艺	0.005	0.495	0.356	5
物理-生物组合工艺	0.016	0.389	0.338	1
其他	0.140	0.431	0.405	2

4.4.2　石化行业

表 4-49 为浑河沈抚单元石化行业水处理技术效益评价结果。由表 4-49 可知，浑河沈抚单元石化行业收益最高的技术为化学混凝-沉淀组合工艺，收益率为 3.696，大部分技术收益偏低。

表 4-49　浑河沈抚单元石化行业水处理技术效益评价

技术名称	总投资额/万元	运行费用/万元	收益/万元	收益率	使用频次
化学混凝-沉淀组合工艺	58.00	3.90	24.88	3.696	2
传统生物滤池	96.50	10.00	49.05	2.229	1
混凝	20.00	11.00	10.20	0.756	1
传统活性污泥法	678.86	199.08	12.15	0.075	7
化学沉淀	3.00	1.20	0.10	0.063	1
物化-生物组合工艺	3 308.71	799.88	83.26	0.053	7
反渗透	50.00	4.00	0.31	0.03	1
化学-生物组合工艺	1 109.20	188.14	10.13	0.03	5
沉淀	400.00	35.80	1.86	0.022	1
生物接触氧化	611.50	152.50	3.07	0.019	2
物理-化学组合工艺	121.55	25.75	0.27	0.012	2
物理-生物组合工艺	841.00	285.67	4.91	0.011	3
化学混凝-气浮组合工艺	500.00	3.80	0.04	0.001	1
其他	423.08	316.36	69.49	0.151	5

表 4-50 为浑河沈抚单元石化行业水处理技术模糊灰色集成评价结果。由表 4-50 可知，浑河沈抚单元石化行业处理效果最好的技术为物理-生物组合工艺，评价得分为 0.804。

表 4-50 浑河沈抚单元石化行业水处理技术模糊灰色集成评价

技术名称	COD去除率	氨氮去除率	石油类去除率	挥发酚去除率	评价得分	使用频次
物理-生物组合工艺	0.84	0.84	0.89	0.81	0.804	3
化学混凝-沉淀组合工艺	0.89	0.82	0.95	—	0.803	2
传统活性污泥法	0.86	0.64	0.95	0.94	0.789	7
物化-生物组合工艺	0.83	0.49	0.97	1.00	0.758	7
化学混凝-气浮组合工艺	0.90	0.85	—	—	0.682	1
传统生物滤池	0.85	0.88	—	—	0.656	1
化学-生物组合工艺	0.89	0.26	0.85	—	0.631	5
生物接触氧化	0.91	0.45	—	—	0.567	2
物理-化学组合工艺	0.60	0.67	0.67	0.14	0.530	2
沉淀	0.75	—	—	—	0.406	1
化学沉淀	0.55	0.49	—	—	0.405	1
混凝	0.58	0.11	0.40	—	0.392	1
反渗透	0.47	—	—	—	0.333	1
其他	0.94	0.50	0.57	1.00	0.759	5

由表 4-49 和表 4-50 的结果得出浑河沈抚单元石化行业水处理技术综合评价结果，见表 4-51。由表 4-51 可知，浑河沈抚单元石化行业综合评价最好的技术是化学混凝-沉淀组合工艺，综合评分为 0.998。

表 4-51 浑河沈抚单元石化行业水处理技术综合评价

技术名称	收益率	处理效果评分	综合评分	使用频次
化学混凝-沉淀组合工艺	3.696	0.803	0.998	2
物理-生物组合工艺	0.011	0.804	0.667	3
传统活性污泥法	0.075	0.789	0.639	7
物化-生物组合工艺	0.053	0.758	0.587	7
传统生物滤池	2.229	0.656	0.586	1
化学混凝-气浮组合工艺	0.001	0.682	0.496	1
化学-生物组合工艺	0.030	0.631	0.456	5
生物接触氧化	0.019	0.567	0.416	2
物理-化学组合工艺	0.012	0.53	0.398	2
混凝	0.756	0.392	0.375	1
化学沉淀	0.063	0.405	0.354	1
沉淀	0.022	0.406	0.353	1
反渗透	0.030	0.333	0.334	1
其他	0.151	0.759	0.591	5

4.4.3 制药行业

表 4-52 为浑河沈抚单元制药行业水处理技术效益评价结果。由表 4-52 可知，浑河沈抚单元制药行业收益最高的技术为物理-化学组合工艺，收益率为 2.070。

表 4-52　浑河沈抚单元制药行业水处理技术效益评价

技术名称	总投资额/万元	运行费用/万元	收益/万元	收益率	使用频次
物理-化学组合工艺	2 352.00	888.88	565.90	2.070	5
传统活性污泥法	55.00	7.20	10.37	0.600	3
生物接触氧化	601.67	36.50	100.45	0.470	3
过滤	65.00	3.00	2.63	0.238	1
曝气生物滤池	25.00	2.50	1.01	0.180	1
厌氧-好氧生物组合工艺	391.50	100.30	12.75	0.140	4
化学-生物组合工艺	45.50	17.90	0.76	0.060	2
化学-物化组合工艺	79.56	3.21	0.30	0.023	1

表 4-53 为浑河沈抚单元制药行业水处理技术模糊灰色集成评价结果。由表 4-53 可知，浑河沈抚单元制药行业处理效果最好的技术为传统活性污泥法，评价得分为 0.842。

表 4-53　浑河沈抚单元制药行业水处理技术模糊灰色集成评价

技术名称	COD去除率	氨氮去除率	石油类去除率	评价得分	使用频次
传统活性污泥法	0.81	0.60	0.98	0.842	3
物理-化学组合工艺	0.84	0.30	0.96	0.768	5
曝气生物滤池	0.79	0.51	0.97	0.741	1
化学-生物组合工艺	0.80	0.38	0.97	0.704	2
厌氧-好氧生物组合工艺	0.72	0.48	0.98	0.670	4
生物接触氧化	0.86	0.00	—	0.587	3
过滤	0.86	0.00	—	0.587	1
化学-物化组合工艺	0.83	—	0.00	0.473	1

表 4-54 为浑河沈抚单元制药行业水处理技术综合评价结果，由表 4-52 和表 4-53 的结果得出。由表 4-54 可知，浑河沈抚单元制药行业综合评价最好的技术是物理-化学组合工艺，综合评分为 0.857。

表 4-54　浑河沈抚单元制药行业水处理技术综合评价

技术名称	收益率	处理效果评分	综合评分	使用频次
物理-化学组合工艺	2.070	0.768	0.857	5
传统活性污泥法	0.600	0.842	0.705	3
曝气生物滤池	0.180	0.741	0.499	1
化学-生物组合工艺	0.060	0.704	0.455	2
厌氧-好氧生物组合工艺	0.140	0.670	0.432	4
生物接触氧化	0.470	0.587	0.405	3
过滤	0.238	0.587	0.389	1
化学-物化组合工艺	0.023	0.473	0.333	1

4.4.4　纺织行业

浑河沈抚单元纺织行业中，仅有 1 家企业参与调查。该企业使用沉淀技术，收益率为 0.286，收益较低，指标污染物去除效果较好（COD 去除率为 93%）。

4.4.5　造纸行业

表 4-55 为浑河沈抚单元造纸行业水处理技术效益评价结果。由表 4-55 可知，浑河沈抚单元造纸行业收益最高的技术为沉淀，收益率为 0.294，收益普遍较低。

表 4-55　浑河沈抚单元造纸行业水处理技术效益评价

技术名称	总投资额/万元	运行费用/万元	收益/万元	收益率	使用频次
沉淀	45	8.0	3.99	0.294	1
化学混凝-气浮组合工艺	45	5.7	1.85	0.164	1
物理-生物组合工艺	55	16.5	3.05	0.130	2
过滤	60	12.2	1.57	0.090	5
化学混凝-沉淀组合工艺	30	5.0	0.40	0.046	1
物理-化学组合工艺	20	13.2	0.30	0.019	1
上浮分离	59	0.2	0.01	0.002	1
其他	40	2.8	0.42	0.054	1

表 4-56 为浑河沈抚单元造纸行业水处理技术模糊灰色集成评价结果。由表 4-56 可知，浑河沈抚单元造纸行业处理效果最好的技术为物理-生物组合工艺，评价得分为 0.786。

表 4-56 浑河沈抚单元造纸行业水处理技术模糊灰色集成评价

技术名称	COD 去除率	BOD 去除率	评价得分	使用频次
物理-生物组合工艺	0.89	0.60	0.786	2
沉淀	1.00	—	0.727	1
化学混凝-气浮组合工艺	1.00	—	0.727	1
化学混凝-沉淀组合工艺	0.96	0.00	0.684	1
物理-化学组合工艺	0.53	0.60	0.606	1
上浮分离	0.80	—	0.558	1
过滤	0.76	—	0.536	5
其他	0.00	0.73	0.606	1

由表 4-55 和表 4-56 的结果得出浑河沈抚单元造纸行业水处理技术综合评价结果，见表 4-57。由表 4-57 可知，浑河沈抚单元造纸行业综合评价最好的技术是沉淀，综合评分为 0.840。

表 4-57 浑河沈抚单元造纸行业水处理技术综合评价

技术名称	收益率	处理效果评分	综合评分	使用频次
沉淀	0.294	0.727	0.840	1
物理-生物组合工艺	0.130	0.786	0.735	2
化学混凝-气浮组合工艺	0.164	0.727	0.604	1
化学混凝-沉淀组合工艺	0.046	0.684	0.461	1
物理-化学组合工艺	0.019	0.606	0.378	1
过滤	0.090	0.536	0.375	5
上浮分离	0.002	0.558	0.344	1
其他	0.054	0.606	0.394	1

4.4.6 饮料行业

表 4-58 为浑河沈抚单元饮料行业水处理技术效益评价结果。由表 4-58 可知，浑河沈抚单元饮料行业收益最高的技术为传统活性污泥法，收益率为 0.467。

表 4-58 浑河沈抚单元饮料行业水处理技术效益评价

技术名称	总投资额/万元	运行费用/万元	收益/万元	收益率	使用频次
传统活性污泥法	926.33	133.12	31.10	0.467	3
厌氧-好氧生物组合工艺	348.55	19.10	27.73	0.455	4
化学-生物组合工艺	518.70	79.00	62.97	0.439	1
序批式活性污泥法	769.00	31.88	3.77	0.030	1

表 4-59 为浑河沈抚单元饮料行业水处理技术模糊灰色集成评价结果。由表 4-59 可知，浑河沈抚单元饮料行业处理效果最好的技术为传统活性污泥法，评价得分为 0.776。

表 4-59 浑河沈抚单元饮料行业水处理技术模糊灰色集成评价

技术名称	COD 去除率	氨氮去除率	评价得分	使用频次
传统活性污泥法	0.96	0.78	0.776	3
厌氧-好氧生物组合工艺	0.75	0.88	0.691	4
化学-生物组合工艺	0.75	0.88	0.691	1
序批式活性污泥法	0.97	0.50	0.642	1

由表 4-58 和表 4-59 的结果得出浑河沈抚单元饮料行业水处理技术综合评价结果，见表 4-60。由表可知，浑河沈抚单元饮料行业综合评价最好的技术是传统活性污泥法，综合评分为 1.000。

表 4-60 浑河沈抚单元饮料行业水处理技术综合评价

技术名称	收益率	处理效果评分	综合评分	使用频次
传统活性污泥法	0.467	0.776	1.000	3
厌氧-好氧生物组合工艺	0.455	0.691	0.694	4
化学-生物组合工艺	0.439	0.691	0.664	1
序批式活性污泥法	0.030	0.642	0.333	1

4.5 浑河上游单元典型行业水污染治理技术评估

4.5.1 冶金行业

浑河上游单元冶金行业中，仅有 1 家企业参与调查。该企业使用沉淀技术，收益率仅有 0.012，收益较低，指标污染物去除效果较差（COD 去除率为 6%）。综合评价较差，相比于同行业同种技术得分偏低，可能存在技术运行管理等方面因素的影响。

4.5.2 石化行业

浑河上游单元石化行业中，仅有 1 家企业参与调查。该企业使用沉淀技术，收益率仅有 0.012，收益较低，指标污染物 COD 去除率为 89%。综合评价一般，相比于同行业同种技术收益偏低，可能存在资金管理方面的问题。

4.6 辽河河口单元典型行业水污染治理技术评估

4.6.1 石化行业

表4-61为辽河河口单元石化行业水处理技术效益评价结果。由表4-61可知，辽河河口单元石化行业收益最高的技术为物理-化学组合工艺，收益率为0.017，收益普遍偏低。

表4-61 辽河河口单元石化行业水处理技术效益评价

技术名称	总投资额/万元	运行费用/万元	收益/万元	收益率	使用频次
物理-化学组合工艺	408.67	108.77	125.48	0.017	3
物化-生物组合工艺	6 300.00	2 078.50	83.74	0.012	2
化学-生物组合工艺	296.00	120.00	28.01	0.003	1
曝气生物滤池	760.00	88.34	13.95	0.002	2
传统活性污泥法	4 923.50	39.98	11.91	0.002	2
物理-生物组合工艺	97.67	5.33	1.43	0.001	3
厌氧-好氧生物组合工艺	1 400.00	64.79	3.33	0.001	1
其他	518.67	121.50	103.36	0.014	3

表4-62为辽河河口单元石化行业水处理技术模糊灰色集成评价结果。由表4-62可知，辽河河口单元石化行业处理效果最好的技术为曝气生物滤池，评价得分为0.995。

表4-62 辽河河口单元石化行业水处理技术模糊灰色集成评价

技术名称	COD去除率	氨氮去除率	石油类去除率	挥发酚去除率	评价得分	使用频次
曝气生物滤池	1.00	0.99	1.00	1.00	0.995	2
传统活性污泥法	0.74	1.00	0.96	1.00	0.828	2
物化-生物组合工艺	0.95	0.94	0.83	1.00	0.784	2
物理-化学组合工艺	0.80	0.83	0.94	0.95	0.726	3
厌氧-好氧生物组合工艺	0.87	0.45	0.99	0.93	0.724	1
物理-生物组合工艺	0.87	0.45	0.99	0.83	0.685	3
化学-生物组合工艺	0.81	—	0.70	—	0.346	1
其他	0.88	0.95	0.93	0.99	0.803	3

由表4-61和表4-62的结果得出辽河河口单元石化行业水处理技术综合评价结果，见表4-63。由表可知，辽河河口单元石化行业综合评价最好的技术是物理-化学组合工艺，综合评分为0.773。

表 4-63　辽河河口单元石化行业水处理技术综合评价

技术名称	收益率	处理效果评分	综合评分	使用频次
物理-化学组合工艺	0.017	0.726	0.773	3
曝气生物滤池	0.002	0.995	0.674	2
物化-生物组合工艺	0.012	0.784	0.611	2
传统活性污泥法	0.002	0.828	0.504	2
厌氧-好氧生物组合工艺	0.001	0.724	0.439	1
物理-生物组合工艺	0.001	0.685	0.422	3
化学-生物组合工艺	0.003	0.346	0.348	1
其他	0.014	0.803	0.678	3

4.6.2　纺织行业

辽河河口单元纺织行业中，仅有 1 家企业参与了调查。该企业使用化学-生物组合工艺技术，收益率仅有 0.009，收益率很低，指标污染物去除情况较好（COD 去除率 92%）。综合评价一般。

4.6.3　造纸行业

辽河河口单元造纸行业中，有两家企业参与了调查。这两家企业均使用化学-生物组合工艺技术，收益率仅有 0.009，收益很低，指标污染物去除情况较差（COD 去除率 27%，BOD 去除率 34%）。综合评价较差。

4.6.4　饮料行业

辽河河口单元饮料行业中，仅有 1 家企业参与了调查。该企业使用厌氧-好氧生物组合工艺技术，收益率仅有 0.012，收益较低，指标污染物去除情况较好（COD 去除率 94%，氨氮去除率 80%）。综合评价一般。

4.7　辽河上游单元典型行业水污染治理技术评估

4.7.1　冶金行业

辽河上游单元冶金行业中，有两家企业参与了调查。其中 1 家使用沉淀技术，收益率仅有 0.097，指标污染物去除情况较好（COD 去除率、石油类去除率均在 95%以上）。另 1 家使用物理-化学组合工艺技术，收益率仅有 0.005，指标污染物去除情况一般（COD 去除率 9%，石油类去除率 83%）。二者综合评价均一般。

4.7.2 石化行业

表 4-64 为辽河上游单元石化行业水处理技术效益评价结果。由表 4-64 可知，辽河上游单元石化行业收益最高的技术为过滤，收益率为 1.108。

表 4-64　辽河上游单元石化行业水处理技术效益评价

技术名称	总投资额/万元	运行费用/万元	收益/万元	收益率	使用频次
过滤	20	2.60	5.64	1.108	1
混凝	20	11.00	10.20	0.756	1
化学混凝-气浮组合工艺	44	7.65	5.64	0.460	2
化学沉淀	3	1.20	0.10	0.063	1
化学-生物组合工艺	114	22.50	1.43	0.040	2
生物接触氧化	23	5.00	0.20	0.025	1
沉淀	5	1.00	0.00	0.002	1
其他	120	4.20	42.60	2.228	1

表 4-65 为辽河上游单元石化行业水处理技术模糊灰色集成评价结果。由表 4-65 可知，辽河上游单元石化行业处理效果最好的技术为沉淀，评价得分为 0.723。

表 4-65　辽河上游单元石化行业水处理技术模糊灰色集成评价

技术名称	COD去除率	氨氮去除率	石油类去除率	挥发酚去除率	评价得分	使用频次
沉淀	1.00	1.00	—	—	0.723	1
过滤	0.81	0.52	0.93	0.96	0.689	1
化学混凝-气浮组合工艺	0.81	0.52	0.93	0.96	0.689	2
化学-生物组合工艺	0.84	0.29	0.85	—	0.556	2
生物接触氧化	0.92	0.00	—	—	0.462	1
混凝	0.58	0.11	0.40	—	0.379	1
化学沉淀	0.55	0.49	—	—	0.376	1
其他	1.00	1.00	1.00	—	0.909	1

由表 4-64 和表 4-65 的结果得出辽河上游单元石化行业水处理技术综合评价结果，见表 4-66。由表可知，辽河上游单元石化行业综合评价最好的技术是过滤，综合评分为 0.523。

表 4-66　辽河上游单元石化行业水处理技术综合评价

技术名称	收益率	处理效果评分	综合评分	使用频次
过滤	1.108	0.689	0.523	1
化学混凝-气浮组合工艺	0.460	0.689	0.467	2
沉淀	0.002	0.723	0.461	1
化学-生物组合工艺	0.040	0.556	0.384	2
混凝	0.756	0.379	0.383	1
生物接触氧化	0.025	0.462	0.355	1
化学沉淀	0.063	0.376	0.336	1
其他	2.228	0.909	1.000	1

4.7.3　制药行业

表 4-67 为辽河上游单元制药行业水处理技术效益评价结果。由表 4-67 可知，辽河上游单元制药行业收益最高的技术为传统活性污泥法，收益率为 1.310。

表 4-67　辽河上游单元制药行业水处理技术效益评价

技术名称	总投资额/万元	运行费用/万元	收益/万元	收益率	使用频次
传统活性污泥法	90.00	3.50	18.00	1.310	2
曝气生物滤池	86.00	2.00	0.390	0.031	1

表 4-68 为辽河上游单元制药行业水处理技术模糊灰色集成评价结果。由表 4-68 可知，辽河上游单元制药行业处理效果最好的技术为传统活性污泥法，评价得分为 0.780。

表 4-68　辽河上游单元制药行业水处理技术模糊灰色集成评价

技术名称	COD 去除率	氨氮去除率	石油类去除率	评价得分	使用频次
传统活性污泥法	0.81	0.61	0.78	0.780	2
曝气生物滤池	0.76	0.00	0.92	0.560	1

由表 4-67 和表 4-68 的结果得出辽河上游单元制药行业水处理技术综合评价结果，见表 4-69。由表可知，辽河上游单元制药行业综合评价最好的技术是传统活性污泥法，综合评分为 1.000。

表 4-69　辽河上游单元制药行业水处理技术综合评价

技术名称	收益率	处理效果评分	综合评分	使用频次
传统活性污泥法	1.310	0.78	1.000	2
曝气生物滤池	0.031	0.56	0.296	1

4.7.4　纺织行业

表 4-70 为辽河上游单元纺织行业水处理技术效益评价结果。由表 4-70 可知，辽河上游单元纺织行业收益最高的技术为厌氧-好氧生物组合工艺，收益率为 0.500。

表 4-70　辽河上游单元纺织行业水处理技术效益评价

技术名称	总投资额/万元	运行费用/万元	收益/万元	收益率	使用频次
厌氧-好氧生物组合工艺	105.00	6.00	9.61	0.500	2
沉淀	63.00	16.50	6.96	0.286	1

表 4-71 为辽河上游单元纺织行业水处理技术模糊灰色集成评价结果。由表 4-71 可知，辽河上游单元纺织行业处理效果最好的技术为沉淀，评价得分为 0.930。

表 4-71　辽河上游单元纺织行业水处理技术模糊灰色集成评价

技术名称	COD 去除率	氨氮去除率	评价得分	使用频次
沉淀	0.93	—	0.930	1
厌氧-好氧生物组合工艺	0.92	—	0.920	2

由表 4-70 和表 4-71 的结果得出辽河上游单元纺织行业水处理技术综合评价结果，见表 4-72。由表可知，辽河上游单元纺织行业综合评价最好的技术是厌氧-好氧生物组合工艺，综合评分为 0.710。

表 4-72　辽河上游单元纺织行业水处理技术综合评价

技术名称	收益率	处理效果评分	综合评分	使用频次
厌氧-好氧生物组合工艺	0.500	0.920	0.710	2
沉淀	0.286	0.930	0.608	1

4.7.5　造纸行业

表 4-73 为辽河上游单元造纸行业水处理技术效益评价结果。由表 4-73 可知，辽河上游单元造纸行业收益最高的技术为沉淀，收益率为 0.29，收益普遍较低。

表 4-73　辽河上游单元造纸行业水处理技术效益评价

技术名称	总投资额/万元	运行费用/万元	收益/万元	收益率	使用频次
沉淀	45.00	8.00	3.99	0.29	1
上浮分离	74.50	9.10	5.78	0.20	2
化学混凝-气浮组合工艺	47.29	11.53	1.77	0.11	7

表 4-74 为辽河上游单元造纸行业水处理技术模糊灰色集成评价结果。由表 4-74 可知，辽河上游单元造纸行业处理效果最好的技术为上浮分离，评价得分为 1.000。

表 4-74　辽河上游单元造纸行业水处理技术模糊灰色集成评价

技术名称	COD 去除率	BOD 去除率	评价得分	使用频次
上浮分离	1.00	1.00	1.000	2
沉淀	1.00	—	0.691	1
化学混凝-气浮组合工艺	0.89	0.73	0.480	7

由表 4-73 和表 4-74 的结果得出辽河上游单元造纸行业水处理技术综合评价结果，见表 4-75。由表可知，辽河上游单元造纸行业综合评价最好的技术是上浮分离，综合得分为 0.750。

表 4-75　辽河上游单元造纸行业水处理技术综合评价

技术名称	收益率	处理效果评分	综合评分	使用频次
上浮分离	0.20	1.000	0.750	2
沉淀	0.29	0.691	0.728	1
化学混凝-气浮组合工艺	0.11	0.480	0.333	7

4.7.6　饮料行业

辽河上游单元饮料行业中，仅有 1 家企业参与了调查。该企业使用传统生物滤池技术，收益率为 0.398，指标污染物去除情况较好（COD 去除率 94%，氨氮去除率 80%，石油类去除率 96%）。综合评价较好。

第 5 章　辽河流域典型行业水污染治理技术优选

根据第 4 章中对水处理技术进行多层次综合性评价的结果，针对不同行业，同时考虑辽宁省以及各个单元的具体情况，本章将分别对全省以及六大单元中饮料、纺织、造纸、石化、制药、冶金六大典型行业技术评价结果进行分析，给出优选的水处理技术。

5.1　辽宁省典型行业技术评价与分析

全省参与技术评价的污水处理机构共计 353 家，其中，饮料行业 18 家，纺织行业 55 家，造纸行业 55 家，石化行业 109 家，制药行业 29 家，冶金行业 87 家。水处理技术共计 25 种。

在前面章节中，按 1∶1 比例对废水处理效果和技术经济效益情况两种因素进行综合，给出了各种水处理技术的综合评价得分。下面根据得分，对辽宁省六大典型行业给出优选技术（表 5-1）。

表 5-1　辽宁省各行业优选水处理技术

行业名称	推荐技术名称
冶金行业	化学氧化还原，传统活性污泥法，沉淀
石化行业	化学混凝-沉淀组合工艺，曝气生物滤池，沉淀
制药行业	物理-生物组合工艺，曝气生物滤池
纺织行业	物理-化学组合工艺，厌氧-好氧生物组合工艺，化学混凝-沉淀组合工艺
造纸行业	沉淀，化学混凝-气浮组合工艺，物化-生物组合工艺
饮料行业	厌氧-好氧生物组合工艺，生物接触氧化，传统活性污泥法

由表 5-1 可知，不同行业的优选技术差别悬殊，再次论证了分行业对水污染治理技术进行评价的重要性。

5.1.1　冶金行业

参与调查的冶金企业共计 87 家，其中使用最广的技术为：沉淀法（23 家）和化学混凝-沉淀组合工艺（19 家）。

根据技术年均投资、年运行费用及其污染物减排效益等指标，利用环境费用效益法进行评价，计算技术收益率，得出收益率最高的技术为：化学氧化还原（收益率为 0.584）和沉淀（收益率为 0.441）。

根据 COD 去除率、氨氮去除率、石油类去除率等指标，利用模糊灰色集成评判法进行评价，得出水处理技术指标污染物去除效果评价得分，指标污染物去除效果最好的技术为：传统活性污泥法（得分 1.000）、超滤（得分 0.855）和物理-生物组合工艺（得分 0.812）。

根据技术经济效益和指标污染物去除效果两方面因素综合考虑，利用灰色综合评判法 1∶1 进行整合，得出综合评判最优的技术为：化学氧化还原法（得分 0.729）和传统活性污泥法（得分 0.698），沉淀（得分 0.620）。

5.1.2 石化行业

参与调查的石化企业共计 109 家，其中使用最广的技术为：物化-生物组合工艺（14 家），传统活性污泥法（14 家），物理-生物组合工艺（12 家）。

根据技术年均投资、年运行费用及其污染物减排效益等指标，利用环境费用效益法进行评价，计算技术收益率，得出收益率最高的技术为：化学混凝-沉淀组合工艺（得分 2.500），传统生物滤池（得分 2.249），物理-生物组合工艺（得分 1.732）。

根据 COD 去除率、氨氮去除率、石油类去除率、挥发酚去除率等指标，利用模糊灰色集成评判法进行评价，得出水处理技术指标污染物去除效果评价得分，指标污染物去除效果最好的技术为：曝气生物滤池（得分 0.955），沉淀（得分 0.952），厌氧-好氧生物组合工艺（得分 0.811）。

根据技术经济效益和指标污染物去除效果两方面因素综合考虑，利用灰色综合评判法 1∶1 进行整合，得出综合评判最优的技术为：化学混凝-沉淀组合工艺（得分 0.774），曝气生物滤池（得分 0.750），沉淀（得分 0.667）。

5.1.3 制药行业

参与调查的制药企业共计 29 家，其中 95%以上企业采用生物污水处理技术。使用最广的技术为：传统活性污泥法（7 家），生物接触氧化（4 家），曝气生物滤池（4 家）。

根据技术年均投资、年运行费用及其污染物减排效益等指标，利用环境费用效益法进行评价，计算技术收益率，得出收益率最高的技术为：物理-生物组合工艺（得分 11.762），传统活性污泥法（得分 0.651）。

根据 COD 去除率、氨氮去除率、石油类去除率等指标，利用模糊灰色集成评判法进行评价，得出水处理技术指标污染物去除效果评价得分，指标污染物去除效果最好的技术为：曝气生物滤池（得分 0.900），物理-生物组合工艺（得分 0.807）。

根据技术经济效益和指标污染物去除效果两方面因素综合考虑，利用灰色综合评判法 1∶1 进行整合，得出综合评判最优的技术为：物理-生物组合工艺（得分 0.864），曝气生物滤池（得分 0.667）。

5.1.4　纺织行业

参与调查的纺织企业共计 55 家。

纺织行业以化学污水处理技术或化学污水处理技术与其他技术的组合工艺为主。其中使用最广的技术为：化学混凝-气浮组合工艺（23 家），化学-生物组合工艺（8 家），物化-生物组合工艺（6 家）。

根据技术年均投资、年运行费用及其污染物减排效益等指标，利用环境费用效益法进行评价，计算技术收益率，得出收益率最高的技术为：物理-化学组合工艺（得分 4.008），化学混凝-沉淀组合工艺（得分 0.914），化学-生物组合工艺（得分 0.910）。

根据 COD 去除率、氨氮去除率等指标，利用模糊灰色集成评判法进行评价，得出水处理技术指标污染物去除效果评价得分，指标污染物去除效果最好的技术为：厌氧-好氧生物组合工艺（得分 0.959），混凝-沉淀组合工艺（得分 0.898），化学-生物组合工艺（得分 0.842）。

根据技术经济效益和指标污染物去除效果两方面因素综合考虑，利用灰色综合评判法 1∶1 进行整合，得出综合评判最优的技术为：物理-化学组合工艺（得分 0.772），厌氧-好氧组合工艺（得分 0.676），化学混凝-沉淀组合工艺（得分 0.615）。

5.1.5　造纸行业

参与调查的造纸企业共计 55 家。

造纸行业以化学污水处理技术或化学污水处理技术与其他技术的组合工艺为主。其中使用最广的技术为：化学混凝-气浮组合工艺（24 家），沉淀（9 家）。

根据技术年均投资、年运行费用及其污染物减排效益等指标，利用环境费用效益法进行评价，计算技术收益率，得出收益率最高的技术为：化学混凝-气浮组合工艺（得分 0.583），上浮分离（得分 0.567），沉淀（得分 0.526）。

根据 COD 去除率、BOD 去除率等指标，利用模糊灰色集成评判法进行评价，得出水处理技术指标污染物去除效果评价得分，指标污染物去除效果最好的技术为：沉淀（得分 0.891），化学混凝-气浮组合工艺（得分 0.791），物化-生物组合工艺（得分 0.735）。

根据技术经济效益和指标污染物去除效果两方面因素综合考虑，利用灰色综合评判法 1∶1 进行整合，得出综合评判最优的技术为：沉淀（得分 0.750），化学混凝-气浮组合工艺（得分 0.605），物化-生物组合工艺（得分 0.521）。

5.1.6　饮料行业

参与调查的饮料企业共计 18 家。

从辽宁省全省来看，饮料行业所使用的技术 90%以上为生物水污染治理技术。经济效益、处理效果以及综合评分最高的均为生物水污染治理技术。其中使用最广的技术为：厌氧-好氧生物组合工艺（6 家），传统活性污泥法（5 家）。

根据技术年均投资、年运行费用及其污染物减排效益等指标，利用环境费用效益法进行评价，计算技术收益率，得出收益率最高的技术为：厌氧-好氧生物活性污泥法（得分 0.795），传统活性污泥法（得分 0.498），序批式活性污泥法（得分 0.475）。

根据 COD 去除率、氨氮去除率等指标，利用模糊灰色集成评判法进行评价，得出水处理技术指标污染物去除效果评价得分，指标污染物去除效果最好的技术为：生物接触氧化（得分 0.887），传统活性污泥法（得分 0.788），物理-生物组合工艺（得分 0.766）。

根据技术经济效益和指标污染物去除效果两方面因素综合考虑，利用灰色综合评判法 1∶1 进行整合，得出综合评判最优的技术为：厌氧-好氧生物组合工艺（得分 0.711），生物接触氧化（得分 0.710），传统活性污泥法（得分 0.564）。

5.2 太子河单元典型行业技术评价与分析

太子河单元涵盖本溪市部分地区（本溪市区、本溪满族自治县）、辽阳市（辽阳市区、弓长岭区、灯塔市、辽阳县）、鞍山市部分地区（鞍山市区、海城市）。该单元河流污染严重，各行业工业企业数量较多、规模较大，以冶金、石化、纺织等工业行业为主。

太子河单元作为辽宁省内工业最为集中的地区，其单元内水污染治理技术分析结果较为具有代表性，对太子河单元单独进行水污染治理技术评估与优选有着重要的意义。表 5-2 列出了太子河单元各行业优选水处理技术。

表 5-2　太子河单元各行业优选水处理技术

行业名称	推荐技术名称
冶金行业	化学氧化还原
石化行业	沉淀，厌氧-好氧生物组合工艺
制药行业	物理-生物组合工艺，曝气生物滤池
纺织行业	物理-化学组合工艺
造纸行业	上浮分离
饮料行业	传统活性污泥法，序批式活性污泥法

5.2.1 冶金行业

太子河单元参与调查的冶金企业共计 53 家，其中使用最广的技术为：沉淀（20 家）、化学混凝-沉淀组合工艺（17 家）。

根据技术年均投资、年运行费用及其污染物减排效益等指标，利用环境费用效益法进行评价，计算技术收益率，得出收益率最高的技术为：化学氧化还原（收益率为 1.118）。

根据 COD 去除率、氨氮去除率、石油类去除率等指标，利用模糊灰色集成评判法进行评价，得出水处理技术指标污染物去除效果评价得分，指标污染物去除效果最好的技术为：传统活性污泥法（得分 1.000），超滤（得分 0.926），化学氧化还原（得分 0.926）。

根据技术经济效益和指标污染物去除效果两方面因素综合考虑，利用灰色综合评判法 1∶1 进行整合，得出综合评判最优的技术为：化学氧化还原（得分 0.909）。

5.2.2　石化行业

参与调查的石化企业共计 23 家，其中使用最广的技术为：传统活性污泥法（4 家），物理-化学组合工艺（3 家）。

根据技术年均投资、年运行费用及其污染物减排效益等指标，利用环境费用效益法进行评价，计算技术收益率，得出收益率最高的技术为：厌氧-行业生物组合工艺（得分 0.914），吸附生物降解活性污泥法（得分 0.880）。

根据 COD 去除率、氨氮去除率、石油类去除率、挥发酚去除率等指标，利用模糊灰色集成评判法进行评价，得出水处理技术指标污染物去除效果评价得分，指标污染物去除效果最好的技术为：沉淀（得分 1.000），传统活性污泥法（得分 0.728）。

根据技术经济效益和指标污染物去除效果两方面因素综合考虑，利用灰色综合评判法 1∶1 进行整合，得出综合评判最优的技术为：沉淀（得分 0.677），厌氧-好氧生物组合工艺（得分 0.671）。

5.2.3　制药行业

参与调查的制药企业共计 6 家。

根据技术年均投资、年运行费用及其污染物减排效益等指标，利用环境费用效益法进行评价，计算技术收益率，得出收益率最高的技术为：物理-生物组合工艺（得分 11.622）。

根据 COD 去除率、氨氮去除率、石油类去除率等指标，利用模糊灰色集成评判法进行评价，得出水处理技术指标污染物去除效果评价得分，指标污染物去除效果最好的技术为：曝气生物滤池（得分 1.000），物理-生物组合工艺（得分 0.695）。

根据技术经济效益和指标污染物去除效果两方面因素综合考虑，利用灰色综合评判法 1∶1 进行整合，得出综合评判最优的技术为：物理-生物组合工艺（得分 0.761），曝气生物滤池（得分 0.667）。

5.2.4　纺织行业

参与调查的纺织企业共计 40 家，其中使用最广的技术为：化学混凝-气浮组合工艺（23 家），化学-生物组合工艺（8 家）。

根据技术年均投资、年运行费用及其污染物减排效益等指标，利用环境费用效益法进行评价，计算技术收益率，得出收益率最高的技术为：物理-化学组合工艺（得分 7.584），化学-生物组合工艺（得分 0.886）。

根据 COD 去除率、氨氮去除率等指标，利用模糊灰色集成评判法进行评价，得出水处理技术指标污染物去除效果评价得分，指标污染物去除效果最好的技术为：化学沉淀（得分 0.910），厌氧生物滤池（得分 0.910）。

根据技术经济效益和指标污染物去除效果两方面因素综合考虑，利用灰色综合评判法 1∶1 进行整合，得出综合评判最优的技术为：物理-化学组合工艺（得分 0.933）。

5.2.5 造纸行业

参与调查的造纸企业共计 26 家，其中使用最广的技术为：化学混凝-气浮组合工艺（13 家），沉淀（7 家）。

根据技术年均投资、年运行费用及其污染物减排效益等指标，利用环境费用效益法进行评价，计算技术收益率，得出收益率最高的技术为：上浮分离（得分 5.371），沉淀（得分 1.020）。

根据 COD 去除率、BOD 去除率等指标，利用模糊灰色集成评判法进行评价，得出水处理技术指标污染物去除效果评价得分，指标污染物去除效果最好的技术为：化学-生物组合工艺（得分 0.763），上浮分离（得分 0.738）。

根据技术经济效益和指标污染物去除效果两方面因素综合考虑，利用灰色综合评判法 1∶1 进行整合，得出综合评判最优的技术为：上浮分离（得分 0.940）。

5.2.6 饮料行业

参与调查的饮料企业共计 6 家。

根据技术年均投资、年运行费用及其污染物减排效益等指标，利用环境费用效益法进行评价，计算技术收益率，得出收益率最高的技术为：传统活性污泥法（得分 1.120），序批式活性污泥法（得分 1.008）。

根据 COD 去除率、氨氮去除率等指标，利用模糊灰色集成评判法进行评价，得出水处理技术指标污染物去除效果评价得分，指标污染物去除效果最好的技术为：生物接触氧化（得分 0.776），物理-生物组合工艺（得分 0.690）。

根据技术经济效益和指标污染物去除效果两方面因素综合考虑，利用灰色综合评判法 1∶1 进行整合，得出综合评判最优的技术为：传统活性污泥法（得分 0.743），厌氧-好氧生物组合工艺（得分 0.698）。

5.3 大辽河单元典型行业技术评价与分析

大辽河单元涵盖营口市部分地区（营口市区，大石桥市）。单元内工业企业以中小型冶金、石化、纺织企业为主。表 5-3 列出了大辽河单元各行业优选水处理技术。

表 5-3 大辽河单元各行业优选水处理技术

行业名称	推荐技术名称
冶金行业	物理-生物组合工艺
石化行业	物理-生物组合工艺，物化-生物组合工艺
制药行业	现行技术普遍效果不佳，无优选技术
纺织行业	化学混凝-沉淀组合工艺
造纸行业	—
饮料行业	—

5.3.1　冶金行业

大辽河单元参与调查的冶金企业共计 15 家，其中使用最广的技术为：物理-化学组合工艺（5 家）。

根据技术年均投资、年运行费用及其污染物减排效益等指标，利用环境费用效益法进行评价，计算技术收益率，得出收益率最高的技术为：物理-生物组合工艺（收益率为 0.164），收益率普遍较低。

根据 COD 去除率、氨氮去除率、石油类去除率等指标，利用模糊灰色集成评判法进行评价，得出水处理技术指标污染物去除效果评价得分，指标污染物去除效果最好的技术为：物理-生物组合工艺（得分 1.000），化学-物化组合工艺（得分 0.736）。

根据技术经济效益和指标污染物去除效果两方面因素综合考虑，利用灰色综合评判法 1∶1 进行整合，得出综合评判最优的技术为：物理-生物组合工艺（得分 1.000）。

5.3.2　石化行业

参与调查的石化企业共计 18 家，其中使用最广的技术为：物理-生物组合工艺（6 家）。

根据技术年均投资、年运行费用及其污染物减排效益等指标，利用环境费用效益法进行评价，计算技术收益率，得出收益率最高的技术为：物理-生物组合工艺（得分 3.341），生物接触氧化（得分 0.734）。

根据 COD 去除率、氨氮去除率、石油类去除率、挥发酚去除率等指标，利用模糊灰色集成评判法进行评价，得出水处理技术指标污染物去除效果评价得分，指标污染物去除效果最好的技术为：物化-生物组合工艺（得分 0.817）。

根据技术经济效益和指标污染物去除效果两方面因素综合考虑，利用灰色综合评判法 1∶1 进行整合，得出综合评判最优的技术为：物理-生物组合工艺（得分 0.785），物化-生物组合工艺（得分 0.668）。

5.3.3　制药行业（略）

5.3.4　纺织行业

参与调查的纺织企业共计 12 家，其中使用最广的技术为：化学混凝-沉淀组合工艺（4 家），物化-生物组合工艺（4 家）。

根据技术年均投资、年运行费用及其污染物减排效益等指标，利用环境费用效益法进行评价，计算技术收益率，得出收益率最高的技术为：化学混凝-沉淀组合工艺（得分 0.900）。

根据 COD 去除率、氨氮去除率等指标，利用模糊灰色集成评判法进行评价，得出水处理技术指标污染物去除效果评价得分，指标污染物去除效果最好的技术为：化学混凝-沉淀组合工艺（得分 0.831），厌氧-好氧生物组合工艺（得分 0.751）。

根据技术经济效益和指标污染物去除效果两方面因素综合考虑，利用灰色综合评判法 1∶1 进行整合，得出综合评判最优的技术为：化学混凝-沉淀组合工艺（得分 1.000）。

5.4 浑河沈抚单元典型行业技术评价与分析

浑河沈抚单元涵盖抚顺市区、沈阳市区以及沈阳市辽中县部分地区。单元内大型石化、制药企业较为集中。表 5-4 列出了浑河沈抚单元各行业优选水处理技术。

表 5-4 浑河沈抚单元各行业优选水处理技术

行业名称	推荐技术名称
冶金行业	沉淀，上浮分离
石化行业	化学混凝-沉淀组合工艺
制药行业	物理-化学组合工艺，传统活性污泥法
纺织行业	现行技术普遍效果不佳，无优选技术
造纸行业	沉淀，物理-生物组合工艺
饮料行业	传统活性污泥法

5.4.1 冶金行业

浑河沈抚单元参与调查的冶金企业共计 20 家，其中使用最广的技术为：中和处理（6 家）、物理-化学组合工艺（5 家）。

根据技术年均投资、年运行费用及其污染物减排效益等指标，利用环境费用效益法进行评价，计算技术收益率，得出收益率最高的技术为：沉淀（得分 0.338），收益率普遍偏低。

根据 COD 去除率、氨氮去除率、石油类去除率等指标，利用模糊灰色集成评判法进行评价，得出水处理技术指标污染物去除效果评价得分，指标污染物去除效果最好的技术为：上浮分离（得分 1.000），沉淀（得分 0.986）。

根据技术经济效益和指标污染物去除效果两方面因素综合考虑，利用灰色综合评判法 1∶1 进行整合，得出综合评判最优的技术为：沉淀（得分 0.978），上浮分离（得分 0.755）。

5.4.2 石化行业

参与调查的石化企业共计 39 家，其中使用最广的技术为：传统活性污泥法（4 家），物理-化学组合工艺（3 家）。

根据技术年均投资、年运行费用及其污染物减排效益等指标，利用环境费用效益法进行评价，计算技术收益率，得出收益率最高的技术为：化学混凝-沉淀组合工艺（得分 3.696），传统生物滤池（得分 2.229）。

根据 COD 去除率、氨氮去除率、石油类去除率、挥发酚去除率等指标，利用模糊灰色集成评判法进行评价，得出水处理技术指标污染物去除效果评价得分，指标污染物去除效果最好的技术为：物理-生物组合工艺（得分 0.804），化学混凝-沉淀组合工艺（得分 0.803）。

根据技术经济效益和指标污染物去除效果两方面因素综合考虑，利用灰色综合评判法 1∶1 进行整合，得出综合评判最优的技术为：化学混凝-沉淀组合工艺（得分 0.998）。

5.4.3 制药行业

参与调查的制药企业共计 20 家，其中使用最广的技术为：物理-化学组合工艺（5 家）。

根据技术年均投资、年运行费用及其污染物减排效益等指标，利用环境费用效益法进行评价，计算技术收益率，得出收益率最高的技术为：物理-化学组合工艺（得分 2.070）。

根据 COD 去除率、氨氮去除率、石油类去除率等指标，利用模糊灰色集成评判法进行评价，得出水处理技术指标污染物去除效果评价得分，指标污染物去除效果最好的技术为：传统活性污泥法（得分 0.842），物理-化学组合工艺（得分 0.768）。

根据技术经济效益和指标污染物去除效果两方面因素综合考虑，利用灰色综合评判法 1∶1 进行整合，得出综合评判最优的技术为：物理-化学组合工艺（得分 0.857），传统活性污泥法（得分 0.705）。

5.4.4 纺织行业（略）

5.4.5 造纸行业

参与调查的造纸企业共计 13 家，其中使用最广的技术为：过滤（5 家）。

根据技术年均投资、年运行费用及其污染物减排效益等指标，利用环境费用效益法进行评价，计算技术收益率，得出收益率最高的技术为：沉淀（得分 0.294），收益率普遍偏低。

根据 COD 去除率、BOD 去除率等指标，利用模糊灰色集成评判法进行评价，得出水处理技术指标污染物去除效果评价得分，指标污染物去除效果最好的技术为：物理-生物组合工艺（得分 0.786），沉淀（得分 0.727）。

根据技术经济效益和指标污染物去除效果两方面因素综合考虑，利用灰色综合评判法 1∶1 进行整合，得出综合评判最优的技术为：沉淀（得分 0.840），物理-生物组合工艺（得分 0.735）。

5.4.6 饮料行业

参与调查的饮料企业共计 9 家，其中使用最广的技术为：生物污水处理法（7 家）。

根据技术年均投资、年运行费用及其污染物减排效益等指标，利用环境费用效益法进行评价，计算技术收益率，得出收益率最高的技术为：传统活性污泥法（得分 0.467）。

根据 COD 去除率、氨氮去除率等指标，利用模糊灰色集成评判法进行评价，得出水处理技术指标污染物去除效果评价得分，指标污染物去除效果最好的技术为：传统活性污泥法（得分 0.776）。

根据技术经济效益和指标污染物去除效果两方面因素综合考虑，利用灰色综合评判法 1∶1 进行整合，得出综合评判最优的技术为：传统活性污泥法（得分 1.000）。

5.5 浑河上游单元典型行业技术评价与分析

浑河上游单元涵盖抚顺市部分地区（清原满族自治县、新宾满族自治县、抚顺县）。工业污染相对较轻。表 5-5 所列为浑河上游单元各行业优选水处理技术。

表 5-5 浑河上游单元各行业优选水处理技术

行业名称	推荐技术名称
冶金行业	现行技术普遍效果不佳，无优选技术
石化行业	现行技术普遍效果不佳，无优选技术
制药行业	—
纺织行业	—
造纸行业	—
饮料行业	—

浑河上游参与调查的企业共有两家：1 家为冶金企业，使用中和处理技术，两方面处理效果都不理想；1 家为石化行业，使用沉淀处理技术，指标污染物去除效果较好，但收益率偏低。

5.6 辽河河口单元典型行业技术评价与分析

辽河河口单元涵盖鞍山市台安县，盘锦市部分地区（盘山县、盘锦市区、大洼县）。单元内工业行业以石化企业为主。单元内现行水污染治理技术普遍不佳，优选技术参照其他单元相应行业。

辽河河口单元各行业整体来看，水污染治理技术收益率普遍偏低。

5.6.1 石化行业

参与调查的石化企业共计 17 家，其中使用最广的技术为：物理-生物组合工艺（3 家），物理-化学组合工艺（3 家）。

根据技术年均投资、年运行费用及其污染物减排效益等指标，利用环境费用效益法进行评价，计算技术收益率，得出收益率最高的技术为：物理-化学组合工艺（收益率为 0.017），收益率普遍较低。

根据 COD 去除率、氨氮去除率、石油类去除率、挥发酚去除率等指标，利用模糊灰色集成评判法进行评价，得出水处理技术指标污染物去除效果评价得分，指标污染物去除效果最好的技术为：曝气生物滤池（得分 0.995），传统活性污泥法（得分 0.828）。

根据技术经济效益和指标污染物去除效果两方面因素综合考虑，利用灰色综合评判法 1∶1 进行整合，得出综合评判最优的技术为：物理-化学组合工艺（得分 0.773），曝气生物滤池（得分 0.674）。

5.6.2　其他行业（略）

5.7　辽河上游单元典型行业技术评价与分析

辽河上游单元涵盖铁岭市、沈阳市部分地区（康平县、法库县、新民市、辽中县部分）以及阜新市彰武县。单元内以中小型石化、造纸企业为主。表 5-6 所列为辽河上游单元各行业优选水处理技术。

表 5-6　辽河上游单元各行业优选水处理技术

行业名称	推荐技术名称
冶金行业	现行技术普遍效果不佳，无优选技术
石化行业	过滤，化学混凝-气浮组合工艺
制药行业	传统活性污泥法
纺织行业	厌氧-好氧生物组合工艺
造纸行业	上浮分离，沉淀
饮料行业	传统生物滤池

5.7.1　冶金行业（略）

5.7.2　石化行业

参与调查的石化企业共计 10 家，其中使用最广的技术为：化学混凝-气浮组合工艺（2 家），化学-生物组合工艺（2 家）。

根据技术年均投资、年运行费用及其污染物减排效益等指标，利用环境费用效益法进行评价，计算技术收益率，得出收益率最高的技术为：过滤（得分 1.108），混凝（得分 0.756）。

根据 COD 去除率、氨氮去除率、石油类去除率、挥发酚去除率等指标，利用模糊灰色集成评判法进行评价，得出水处理技术指标污染物去除效果评价得分，指标污染物去除效果最好的技术为：沉淀（得分 0.723），过滤（得分 0.689），化学混凝-气浮组合工艺（得分 0.689）。

根据技术经济效益和指标污染物去除效果两方面因素综合考虑，利用灰色综合评判法 1∶1 进行整合，得出综合评判最优的技术为：过滤（得分 0.523），化学混凝-气浮组合工艺（得分 0.467）。

5.7.3　制药行业

参与调查的制药企业共计 3 家，其中采用传统活性污泥法的收益率为 1.31，指标污染物去除效果得分为 0.780。

传统活性污泥法综合评价较好。

5.7.4 纺织行业

参与调查的纺织企业共计 3 家，其中采用厌氧-好氧生物组合工艺的收益率为 0.500，指标污染物去除效果得分 0.930。

厌氧-好氧生物组合工艺综合评价较好。

5.7.5 造纸行业

参与调查的造纸企业共计 10 家，其中使用最广的技术为：化学混凝-气浮组合工艺（7 家）。

根据技术年均投资、年运行费用及其污染物减排效益等指标，利用环境费用效益法进行评价，计算技术收益率，得出收益率最高的技术为：沉淀（得分 0.29），收益率普遍较低。

根据 COD 去除率、BOD 去除率等指标，利用模糊灰色集成评判法进行评价，得出水处理技术指标污染物去除效果评价得分，指标污染物去除效果最好的技术为：上浮分离（得分 1.000）。

根据技术经济效益和指标污染物去除效果两方面因素综合考虑，利用灰色综合评判法 1∶1 进行整合，得出综合评判最优的技术为：上浮分离（得分 0.750），沉淀（得分 0.728）。

5.7.6 饮料行业（略）

5.8 小结

本章根据技术的处理效果和经济指标情况，综合两方面的因素给出了辽宁省以及各个单元适用于不同行业的水处理技术。全省的优选技术是建立在多企业技术数据的基础上得出的，因此更具有综合性和权威性。各单元的优选技术与全省的技术评价结果基本一致，同时亦是根据单元具体情况进行分析得出，因此更具针对性。尤其是太子河单元重化工工业集中，水污染成分复杂，变化大，治理难度大；太辽河单元受地理位置影响，环境较为敏感，情况特殊；浑河沈抚单元更是辽宁省的政治经济核心地带。因此，在全省技术评估与优选的基础上，对重点单元进行独立的分析和比选具有重要意义。

技术决策者可从优选技术出发，同时参考全省和单元的数据，根据实际需求选择相应的水污染治理技术。也可从实际出发，根据资金情况、主要污染物情况，在优选技术的基础上加以筛选；如对处理效果或经济效益的某一方面有特别的要求，可根据两方面的评价结果自行确定合适的耦合比例，针对实际情况筛选最优的水处理技术。

第 6 章　辽河流域水污染治理推荐技术

在对辽河流域重点行业水污染治理技术评估的基础上，结合国家“十一五”水体污染控制与治理科技重大专项辽河流域水污染治理新技术研发及我国其他流域水污染治理、河道治理及生态修复的特点、经验，参考国家相关水污染治理技术标准、规范、指南等技术文件，本章总结并推荐适合辽河流域的水污染治理技术。

6.1　重点行业点源治理推荐技术

6.1.1　啤酒行业

（1）废水水质特性

20 世纪 80 年代以来，随着人民生活水平的提高，我国啤酒工业得到迅速发展，产量逐年上升，据 2009 年统计我国啤酒年产量达 4 200 万 t，但是在啤酒产量大幅度提高的同时，也向环境中排放了大量的有机废水。

啤酒废水主要来自麦芽车间（浸麦废水），糖化车间（糖化，过滤洗涤废水），发酵车间（发酵罐洗涤，过滤洗涤废水），灌装车间（洗瓶，灭菌废水和因瓶子破碎流出的啤酒）以及生产用冷却废水等。其水质及变幅范围一般为：pH 5.5～7.0（呈微酸性），水温为 20～25 ℃，COD_{Cr} 为 1 200～2 300 mg/L，BOD_5 为 700～1 400 mg/L，SS 为 300～600 mg/L，TN 为 30～70 mg/L。每生产 1 t 啤酒废水排放量为 10～20 m^3，平均约 15 m^3，目前全国啤酒废水年排放量在 2.5 亿 m^3 以上。

啤酒废水按有机物含量可分为 3 类：

- 清洁废水，如冷冻机冷却水、麦汁冷却水等，这类废水基本上未受污染。
- 清洗废水，如漂洗酵母水、洗瓶水、生产装置清洗水等，这类废水受到不同程度污染。
- 含渣废水，如麦糟液、冷热凝固物、剩余酵母等，这类废水含有大量有机悬浮性固体。

啤酒工业废水主要含糖类、醇类等有机物，有机物浓度较高，虽然无毒，但易腐败，排入水体要消耗大量的溶解氧，对水体环境造成严重危害。

啤酒废水的主要特点之一是 BOD_5/COD_{Cr} 值高，一般在 50%及以上，非常有利于生化处理，同时生化处理与普通物化法、化学法相比较有以下优点：一是处理工艺比较成熟；二是处理效率高，COD_{Cr}、BOD_5 去除率高，一般可达 80%～90%以上；三是处理成本低（运行费用省）。

（2）废水排放适用标准

《啤酒工业污染物排放标准》（GB 19821—2005），2005 年 7 月 18 日发布，2006 年 1 月 1 日起实施。

（3）废水治理常用方法

我国对啤酒废水的处理工艺和技术进行了大量的研究和探索，对啤酒废水的处理进行了各方面的实验、研究和实践，取得了行之有效的成功经验，逐渐形成了以生化为主、生化与物化相结合的处理工艺。生化法中常用的有活性污泥法、生物膜法、厌氧与好氧相结合法、水解酸化与 SBR 相组合等各种处理工艺。这些处理方法与工艺各有其优点和不足之处，但各自都有较为成功的经验。目前还有不少新的处理方法和工艺优化组合正在实验和研究，有的已取得了理想的成效，不久将应用于实践中。

目前来说，主要的啤酒废水处理有以下几种工艺[45]：

- 酸化-SBR 法处理啤酒；
- UASB-好氧接触氧化工艺处理啤酒；
- 生物接触氧化法处理啤酒；
- 内循环 UASB 反应器-氧化沟工艺处理啤酒；
- UASB-SBR 法处理啤酒；
- IC-CIRCOX 处理工艺处理啤酒；
- 新型接触氧化法处理啤酒废水。

（4）推荐技术

根据啤酒废水 BOD_5/COD_{Cr} 大的特点，常见的啤酒废水处理均以生物处理为主体，而且基本上都以前级为厌氧（水解酸化为主），后级为好氧处理，所不同的在于：一是后级好氧生化处理分为生物接触氧化法（生物膜法）和活性污泥法（微生物呈悬浮状态）；二是在厌氧和好氧生物处理中，又分为成熟的传统方法和较新技术应用的方法（如厌氧内循环反应器 IC 和封闭式空气提升好氧反应器 CIRCOX）。总体来讲，啤酒废水（混合水）采用厌氧（水解酸化）生物处理与好氧生物处理相结合为主体的处理工艺相对成熟、可靠，且产生的污泥量较少（图 6-1）。

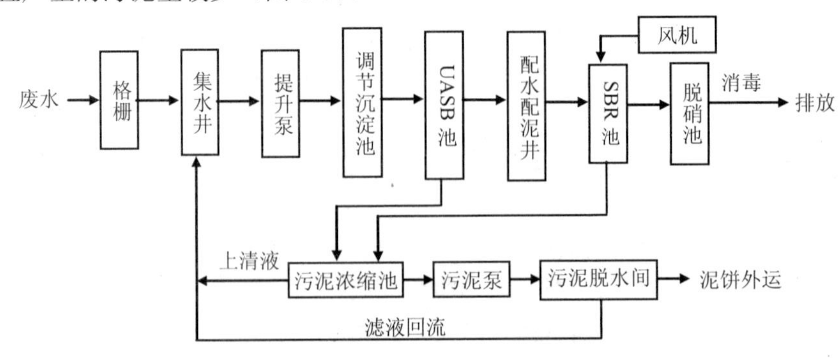

图 6-1 啤酒废水推荐处理技术

❖ 把高浓度有机废水采用 UASB 进行预处理后再进入总调节池，与低浓度有机废水进行混合，再进入主体处理工艺系统。对比啤酒废水处理方法，高浓度废水采用 UASB 反应器进行预处理、混合废水进入 AS（活性污泥法）处理（称为 UASB+AS 法），与全部直接进入 AS 法处理相比较，UASB+AS 法比 AS 法节省曝气电费 68%，节省污泥处理费 59%，同时沼气还可利用；与 SBR 法相比较，其运行费和污泥处理费较低。
❖ 将 UASB 和 SBR 两种处理单元进行组合处理啤酒废水，所形成的处理工艺突出了各自处理单元的优点，使处理流程简洁，节省了运行费用。

在处理工艺方案的选择中，在处理效果好、达到国家规定的排放标准前提下还要考虑投资、运行费用、管理操作、占地面积等诸方面因素。

6.1.2 石化行业

（1）废水水质特性

石化行业具有废水产生量大、污染物排放负荷重、环境危害较强的典型特征。污染源普查数据显示石油加工、炼焦及核燃料加工业 COD、石油类、挥发酚等典型污染物产生量分别可占辽河全流域工业 COD 产生量的 8.66%、58.03%和 63.87%。

石化废水主要包括石油炼制和化学合成加工过程中产生的废水，主要类型有炼油废水、乙烯废水、丙烯腈废水、合成塑料废水、合成橡胶废水、合成纤维废水等。另外，丙烯腈、腈纶、己内酰胺、环氧氯丙烷、环氧丙烷、间甲酚、BHT、PTA、萘系列和催化剂生产等石化装置的废水属于难降解石化废水，污水处理厂出水经常超标。辽河流域典型石化废水类型包括炼油废水、乙烯废水、合成橡胶废水、丙烯腈废水和腈纶废水等，废水成分复杂、难生物降解且含有大量有毒有害物质，是该流域石油类、挥发酚、氰化物、苯系物和多环芳烃等有毒有害物质的主要来源。其中，乙烯废碱液、丙烯腈、腈纶等废水，是石化行业难降解废水中最为典型的有毒有害、难降解有机废水，具体水质及处理过程中所存在的问题如下：

乙烯废碱液：是一种强碱性、高含盐的高浓度有机废水，其主要的特征污染物约有 23 种，其中甲苯和苯酚的含量最高，直接排放会对污水处理厂的生物处理过程产生冲击。目前，湿式催化氧化工艺是常用的较为成熟的预处理工艺之一，但因其在有机物氧化降解过程中，有机含氮化合物中的胺基在湿式氧化中被脱掉，每年会大幅增加氨氮排放量。在工艺运行过程中，温度过高会引起沉降罐的超应力腐蚀，温度过低会引起碱结晶。同时湿式氧化反应需要密闭进行，对设备要求高，废水碱性较高，对设备的腐蚀较为严重，如果处理不当会产生含有大量硫化物的气体，有恶臭并影响周围环境。

丙烯腈废水：丙烯腈是一种重要的有机化工原料，广泛应用于合成纤维等领域，目前主要生产工艺是丙烯氨氧化法。该工艺在生产过程中会产生大量含高浓度氰化物、有机腈等有毒物质的废水，对人、畜危害极大。常见丙烯腈生产废水中 COD_{Cr} 浓度为 1 500～3 000 mg/L，NH_3-N 浓度为 80～240 mg/L，氰化物浓度为 190～200 mg/L，丙烯腈浓度为 20～300 mg/L。其中氰化物、丙烯腈等有毒有机物浓度含量高，毒性极大，处理存在很大难度。因此，目前国内外主要采用焚烧法进行处理，但焚烧过程中消耗大量燃料油，处理成本很高，焚烧尾气仍需要进一步处理，否则将造成大气污染。

腈纶废水：干法腈纶废水中的污染物主要有硫酸盐、AN、DMF、EDTA、丙腈磺酸钠、有机胺、油剂和聚丙烯腈低聚物等，虽然废水外观无色、透明，但低聚物含量高，成分复杂，可生物降解性差，同时存在生物抑制性成分，水量水质波动大且难以处理，对环境形成的危害较大，是目前水处理领域的一大难题。废水中含有（100～150）$\times10^{-6}$的 EDTA 和（50～70）$\times10^{-6}$的壬基酚聚氧乙烯醚，这两种物质长期以来一直被认为是难以生物降解的物质，直接影响了腈纶废水处理的达标排放。湿法腈纶混合废水中主要含有的有机物种类为腈类、酚类、烷烃类、酰胺类、表面活性剂及其他芳香族物质等。含有较多毒性较大的含氮有机物，CN^-浓度高；含有一定量的低聚物，难以被生物降解；废水中的丙烯腈、乙腈、硫氰酸钠等组分在生化过程中都被转化为氨氮，造成处理出水的氨氮浓度大幅度提高。

针对以上石化废水特点和浑河工业集群区石化废水污染严重的现状，总结石化行业废水现存在问题如下：

- 没有针对有毒有害难降解污染物的预处理技术研究；
- 缺少能有效处理高浓度、难降解石化废水如腈纶废水的处理技术和工艺；
- 石化废水用水量大，缺少适合于石化废水的资源化回用的深度处理技术；
- 石化废水经膜法深度处理后，没有能有效解决膜法浓水处理问题的技术；

综上所述，研发难降解石化废水的集成处理技术和石化废水达标排放及资源化回用技术，提高石化企业节水减排和污水回用水平，是本子课题研究需解决的问题。

（2）废水排放适用标准

《污水综合排放标准》（GB 8978—1996）；

国家环境保护总局“关于发布《污水综合排放标准》（GB 8978—1996）中石化工业COD 标准值修改单的通知”环发[1999]285 号；

《辽宁省污水综合排放标准》（DB 21/1627—2008）。

（3）废水治理常用方法[46]

①隔油法。

隔油法主要是用来去除石油工业和石油化工行业废水中分散的油品的一种物化处理方法，其基本原理是利用废水中悬浮物和水的密度不同从而达到分离的目的。

隔油池主要构造包括平流式隔油池、平型板式隔油池、斜板式隔油池和小型隔油池 4 种构型，依靠油品悬浮物和水的自然分离在流动中轻质油品上浮到水面，由集油管或设置在池面的刮油机推送到集油管中流入脱水管进行脱水；重油及其他杂质沉淀到池底污泥斗中，通过排泥管进入污泥管中。经过隔油池处理的废水则溢流入水渠排出池外，进行后续气浮处理或生化处理，以去除乳化油及其他污染物，一般作为石化废水的预处理单元。

②气浮法。

气浮法主要用来处理石化废水中靠自然沉降或上浮难以去除的乳化油和相对密度接近于 1 的微小悬浮颗粒。气浮法通过向废水中通入空气，并以微小气泡形式从水中析出成为载体，使废水中的乳化油、微小悬浮颗粒等污染物质黏附在气泡上，随气泡一起上浮到水面，形成泡沫-气、水、颗粒（油）三相混合体，通过收集泡沫或浮渣达到分离杂质、净化废水的目的。目前应用于石化废水处理中的气浮法主要为溶气气浮和机械气浮，随着国内外高效溶气、释气技术和设备的不断开发，气浮工艺的溶气效率和单位能耗在不断改善，该项技术在石化废水处理中的应用空间将不断扩大。

③混凝法。

混凝法是利用混凝剂对石化废水进行处理的一种传统方法。通过向废水中投加混凝剂，利用混凝剂与废水中胶体颗粒间的压缩双电层作用、吸附架桥作用以及网捕作用使胶体颗粒互相接触、凝结，最终形成脱稳的较大颗粒絮体，并与沉淀或气浮法相结合最终实现泥水分离。石化废水处理过程中，混凝作用发挥的关键在于混凝剂种类的选择和运行条件的优化。近年来，高效混凝剂的开发十分活跃，呈现出“由低分子向聚合高分子发展，由成分功能单一型向成分复合型发展”的趋势。目前，已市场化的混凝剂可分为无机高分子絮凝剂、有机高分子絮凝剂和生物高分子絮凝剂3大类。在水处理方面应用最为广泛的是无机高分子絮凝剂中的聚铝盐和复合型聚铝盐。聚合氯化铝（PAC）、聚合硫酸铝（PAS）是工业上应用最广泛的两种聚铝盐，其生产工艺成熟，生产原料来源广泛。研究表明，PAC对处理石油化工废水具有高效的絮凝效果，不仅去浊率高，而且对原水的pH值影响小，处理后水的色度好，可作为石化污水回收处理的絮凝剂。近年来，为了改善单一聚铝盐的絮凝效果，人们合成了新型的高分子复合铝盐絮凝剂，如聚合氯化铝铁（PAFC）、聚合硫酸铝铁（PAFS）、聚合硫酸氯化铝铁（PAFCS）、聚合硅（磷）酸铝（铁）等。

④内电解法。

内电解是利用金属腐蚀原理，形成原电池对废水进行处理的工艺。由于使用废铁屑或铜屑为原料，一般形成Fe/C或Cu/C的腐蚀电极，不需消耗电力资源，具有“以废治废”的意义。该工艺可以改善石化废水的可生化性，提高废水COD_{Cr}的去除率。在酸性、充氧条件下，能够促进内电解反应速率，有利于废水处理效果的提高，而且COD_{Cr}去除率随反应时间的增长而增加。采用铁屑内电解工艺，具有“以废治废”的特点，可大大降低废水处理过程中投加混凝剂和碱剂的费用。作为石化废水的预处理方法，可基本保留原有废水处理系统特点，具有改造投资省、运行费用低、处理效果好等优点。因此，作为较难降解石化废水处理效果的强化措施，具有较高的应用价值和推广意义。但是，该工艺同时也存在容易结疤、铁泥难以处理等弊端，限制了该工艺的大规模推广和应用。

⑤好氧活性污泥法。

活性污泥法是废水处理中普遍使用的一种方法。在人工条件下，对废水中的各种微生物群体进行连续混合和培养，形成悬浮状态的活性污泥。利用活性污泥的生物作用，在好氧条件下，以分解去除废水中的有机污染物，然后使污泥与水分离，大部分污泥回流到生物反应池，多余部分未作用于剩余污泥排出活性污泥系统。近年来，随着废水排放标准的不断提高，活性污泥法也由传统的简单生化池衍生出多种实用的改良型活性污泥法，包括：接触氧化法、A/O 活性污泥法、A^2/O 活性污泥法、氧化沟活性污泥法、A-B活性污泥法、序批式活性污泥法、改良型的SBR活性污泥法（如CASS工艺、Unitank

工艺，等等）、深井曝气活性污泥法、投料活性污泥法，等等。

⑥好氧生物膜法。

生物膜法和活性污泥一样，都是利用微生物去除废水中有机物的废水生物处理方法，所不同的是生物膜法通过附着在填料表面上的细菌等微生物生长繁殖，形成膜状活性生物污泥生物膜，利用生物膜降解污水中的有机物。生物膜中的微生物以污水中的有机污染物为营养物质，在新陈代谢中将有机物降解，同时微生物自身也得到增殖。随着微生物的不断繁殖增长，以及废水中悬浮物和微生物的不断沉积，生物膜的厚度不断增加，同时由于水力冲刷、生物膜增厚所造成的重量增大、原生动物的松动、生物膜内厌氧层与填料表面的黏结力较弱等原因，生物膜不断地更新和脱落。生物膜是蓬松的絮状结构，微孔多，表面积大，具有很强的吸附能力。生物膜微生物以吸附和沉积于膜上的有机物为营养物质，将一部分物质转化为细胞物质，进行繁殖生长，成为生物膜中新的活性物质，将另一部分物质转化为排泄物，在转化过程中放出能量，供应微生物生长的需要。增殖的生物膜脱落后进入废水，在二次沉淀池中被截留下来，成为污泥。由于生物膜法中的微生物以附着的状态存在，所以泥龄长，因而生物膜中既有世代时间短、比增长速率大的微生物，也有世代时间长、比增长速率小的微生物，这使生物膜法中参与代谢的微生物种类多于活性污泥法。典型的好氧生物膜处理工艺形式主要有：生物滤池、生物转盘、生物流化床、生物接触氧化、曝气生物滤池等。

与活性污泥法相比，生物膜法具有以下特征：

- ❖ 生物相特征：参与净化反应微生物多样化；生物的食物链长；能够存活世代时间较长的微生物；分段具有不同的优势种属。
- ❖ 工艺特征：抗冲击负荷能力强；污泥沉降性能良好，宜于固液分离；能够处理低浓度的废水；运行简单、节能，易于维护管理，动力费用低；产生的污泥量少；在低水温条件下，也能保持一定的净化功能；具有较好的硝化与脱氮功能。

⑦膜生物反应器（MBR）。

膜生物反应器（MBR）是一种由膜分离单元与生物处理单元相结合的新型水处理技术，通过膜分离可使微生物完全截留在生物反应器中，从而提高生物反应器的微生物浓度，强化生化处理单元的处理效果，近年来成为国内外强化二级处理技术的研究热点。膜生物反应器（MBR）中水力停留时间（HRT）和污泥停留时间（SRT）可以分别控制，而难降解的物质在反应器中不断反应和降解。一方面，膜截留了反应池中的微生物，使反应池中的活性污泥浓度大大增加，从而使降解污水的生化反应进行得更迅速和彻底；另一方面，由于膜的高过滤精度，保证了出水清澈透明从而省掉二沉池。因此，膜生物反应器工艺通过膜分离技术大大强化了生物反应器的功能。与传统的生物处理方法相比，具有生化效率高、抗负荷冲击能力强、出水水质稳定、占地面积小、排泥周期长、易实现自动控制等优点，是目前最有前途的废水处理新技术之一。

膜生物反应器技术与传统工艺相比主要有以下特点：

- ❖ 污染物去除效率高，处理出水水质良好。不仅对悬浮 SS、有机物去除效率高，而且可以去除细菌、病毒等，出水可直接回用；

- ❖ 膜分离可使微生物完全截留在生物反应器内，实现反应器水力停留时间和污泥龄的完全分离，使运行控制更加灵活、稳定；
- ❖ 生物反应器内的微生物浓度高，可达到常规活性污泥的 2～3 倍，耐负荷冲击，装置处理容积负荷大，设备占地少；
- ❖ 有利于增殖缓慢的微生物，如硝化细菌的截留和生长，系统硝化效率得以提高，运行方式的控制有脱氮和除磷的功能，同时膜分离使污水中的大分子难降解的成分在体积有限的生物反应器内有足够的停留时间，可大大提高难降解有机物的降解效率；
- ❖ 反应器在高容积负荷、低污泥负荷、长泥龄下运行，污泥产量低。

⑧物化高级氧化法

对于较难降解的石化废水，在水处理过程中以羟基自由基（·OH）为核心氧化剂的氧化处理过程称为物化高级氧化法，典型工艺包括：臭氧氧化、Fenton 氧化、光催化氧化等。物化高级氧化法与普通化学氧化相比，能产生大量氧化能力更强的·OH，·OH 作为反应的中间产物，可诱发后面的链反应，可无选择性地直接与废水中的污染物反应将其氧化为二氧化碳、水和无害物质，不会产生二次污染。较为常用的主要为臭氧氧化法和 Fenton 试剂氧化法。

❖ 臭氧氧化法。

臭氧氧化法主要原理是利用其强氧化性与污染物反应，使一些难降解的有机物，如环状物开环或长链分子部分断链，大分子物质变成小分子物质，进而提高废水的生物降解性。但臭氧法不能将污染物完全矿化，且不适合部分废水的预处理或中等浓度的处理，宜用于终端处理。臭氧不稳定，需要现场制备。

臭氧虽然在水处理中有着许多优点，但也存在着发生成本高、利用率偏低等问题。对于一些水质成分极为复杂、难降解物质众多的石化废水，单独使用臭氧处理，往往不能有效地去除有机物，提高废水的生化性，因此，通常把臭氧与其他水处理技术联合使用，以提高臭氧的利用率和氧化能力。目前，与臭氧联用的高级氧化技术主要有：O_3/US、O_3/UV、O_3/H_2O_2、O_3/PAC 以及 O_3 与多技术联用的臭氧高级氧化法。

❖ Fenton 试剂氧化法。

Fenton 试剂是 H_2O_2 和 Fe^{2+}按一定比例混合而成的一种强氧化剂，其氧化原理是 H_2O_2 在 Fe^{2+}的催化作用下链式反应催化分解产生强氧化性的羟基自由基（·OH），将有机物氧化分解成小分子。其具有氧化性强、不产生二次污染等优点，在难降解废水的处理上具有广阔的应用前景。

基本原理如下：

$$Fe^{2+} + H_2O_2 \longrightarrow Fe^{3+} + \cdot OH + OH^-$$

$$Fe^{3+} + H_2O_2 \longrightarrow Fe^{2+} + HO_2\cdot + H^+$$

$$HO_2\cdot + H_2O_2 \longrightarrow O_2 + H_2O + \cdot OH$$

$$RH + \cdot OH \longrightarrow R\cdot + H_2O$$

$$R\cdot + Fe^{3+} \longrightarrow R^+ + Fe^{2+}$$

$$R\cdot + O_2 \longrightarrow ROO^+ \longrightarrow CO_2 + H_2O$$

上述系列反应中，羟基自由基（•OH）与有机物 RH 反应生成有机基（R•），R•进一步氧化生成 CO_2 和 H_2O，使废水的 COD_{Cr} 大大降低。

⑨膜分离法。

膜分离法利用一种特殊的半透膜把溶液隔开，以压力差为推动力，使溶液中的某些物质或水渗透出来，从而达到分离溶质的目的。废水处理中的膜分离技术能够实现高效脱色、除味、去除有机物等效果，占地面积小，出水水质稳定，操作方便，被称为“21世纪的水处理技术”。各种膜法技术的去除物质种类和能力与其膜的孔径大小和孔的结构极性有关，一般在废水处理领域主要有超滤、反渗透和电渗析三大类，而这三大类方法中由于超滤技术操作压力低、无相变、能耗少、使用范围广、分离效果高以及可回收和回用有用物质等优点，使其在再生废水处理（特别是生物难降解废水）方面的应用最多。膜分离法的主要问题是对小分子量有机物的去除效果差；对进水水质的浊度要求较高，容易发生堵塞，导致清洗频繁，处理水量小，投资和运行成本较大，如果不能回收有用物质，则处理成本较高，所以主要用于废水中含有可回收价值物质、废水水质成分比较单一的废水处理。

（4）推荐技术

①炼油废水。

对一般的石化炼油废水，其中除含油、硫、酚、氨外，尚有无机氰、有机腈和络合氰化物等污染物，对厂内无回用需求的企业而言，达标排放推荐使用“隔油—气浮—生化—过滤”耦合的处理工艺，工艺技术路线如图 6-2 所示。

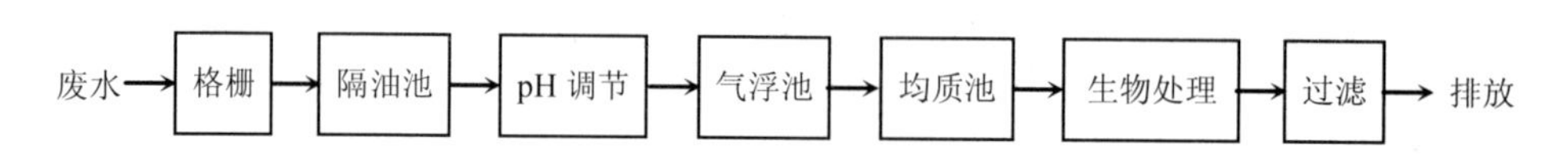

图 6-2　炼油废水处理工艺流程

②石油化工废水。

石油化工废水一般指以天然气、炼厂气、直馏汽油、原油、重油、轻柴油等为原料，经裂解、分离等工艺生产基本有机原料三烯、三苯、一炔、一萘，然后再生产二级产品醇、醛、酮、酸及三大合成材料过程中所产生的废水。由于其产品种类繁多，产品、原料、生产工艺和规模大小各不相同，致使其废水成分复杂、废水量大、污染严重。因此，此类废水推荐采用资源化回用与达标排放相结合的污染控制策略，工艺流程宜采用“分质预处理—二级生化处理—过滤—膜分离”的组合工艺，技术路线如图 6-3 所示。

③难降解石化废水。

对于高浓度、难降解、具有生物毒性的石化废水（例如：丙烯腈废水、腈纶废水），必须考虑“预处理—厌氧—好氧”的集成处理技术；另外，根据出水的用途，还需要考虑一定的深度处理技术，如回用水需要考虑采用膜技术进行处理。以腈纶废水为例的技术路线如图 6-4 所示。

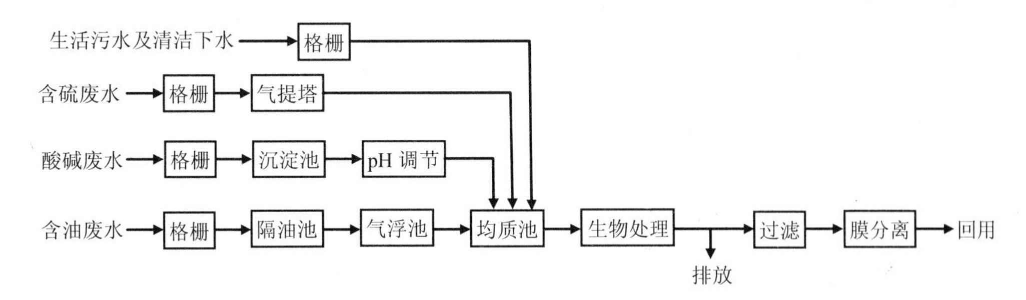

图 6-3　石油化工废水处理工艺流程

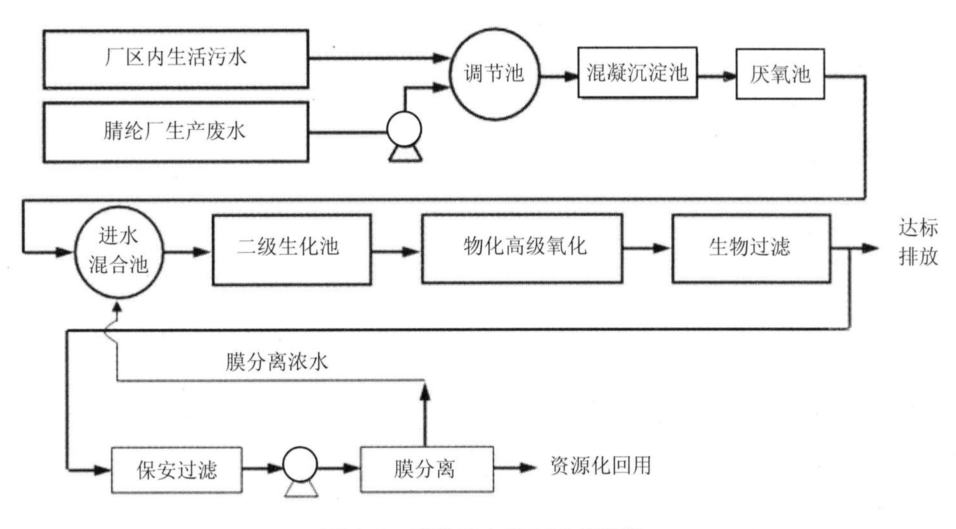

图 6-4　腈纶废水处理工艺流程

6.1.3　钢铁行业

冶金工业分为黑色冶金工业（即钢铁工业）和有色冶金工业两大类。包括对金属矿物的勘探、开采、精选、冶炼以及轧制成材的工业部门。因辽河流域钢铁行业废水排放量较大，所以本节仅介绍钢铁行业废水治理推荐技术。

（1）废水水质特性

随着我国钢铁工业的发展和社会的进步，钢铁企业的规模在逐年扩大，从 1986 年钢产量 5 220 万 t 到 2008 年的 50 116 万 t，钢产量在短短 20 多年就增长了近 10 倍。但钢铁工业也是高能耗、高水耗和高污染的产业，是能源、资源消耗和污染物排放的大户。目前，钢铁行业的能耗占全国总能耗的 10%以上，钢铁行业水耗占全国工业水耗的 9%左右。钢铁行业排出的废水主要可以分为焦化废水、炼钢废水及轧钢废水。

①焦化废水主要由以下几类废水组成：

❖　剩余氨水。

在炼焦过程中，炼焦煤含有的物理水和解析出的化合水随荒煤气从焦炉引出，经初冷凝器冷却形成冷凝水，称为剩余氨水。剩余氨水经蒸氨工序脱除部分氨后，形成焦化废水。该类废水含有高浓度的氨、酚、氰、硫化物及石油类污染物。

❖ 煤气终冷水、蒸汽冷凝分离水。

包括煤气终冷的直接冷却水、粗苯和精苯加工的直接蒸汽冷凝分离水。这类废水均含有一定浓度的酚、氰和硫化物，水量不大，但成分复杂。

❖ 其他废水。

各种槽、釜定期排放的分离水、湿熄焦废水、焦炉上升管水封盖排水、煤气管道水封槽排水及管道冷凝水、洗涤水、车间地坪或设备清洗水等，这些废水多为间断性排水，含酚、氰等污染物。

焦化废水成分复杂，污染物浓度高，难降解，含有数十种无机和有机污染物，其中无机污染物主要是胺盐、硫氰化物、硫化物、氰化物等；有机污染物除酚类外，还有单环及多环的芳香族化合物、杂环化合物等。

②炼钢工艺产生的废水主要为转炉煤气洗涤废水和连铸废水，主要污染物为悬浮物和石油类污染物，生产废水经处理后循环利用。

③轧钢工艺产生的废水分为热轧废水和冷轧废水，其中以冷轧废水为主。

热轧废水主要为轧制过程中的直接冷却废水，含有氧化铁皮及石油类污染物等，且温度较高；热轧废水还包括设备间接冷却排水、带钢层流冷却废水，以及热轧无缝钢管生产中产生的石墨废水等。

冷轧废水主要包括浓碱及乳化液废水、稀碱含油废水、酸性废水，还包括少量的光整废水、湿平整废水、重金属废水（如含六价铬、锌、锡等）和磷化废水等。

（2）废水排放适用标准

《钢铁工业水污染物排放标准》（GB 13456—92）。

（3）废水治理常用方法

目前，很多钢铁企业已经进行了钢铁废水的处理及回用工作，大部分是采用传统的处理技术，如生化降解、混凝沉淀、气浮、过滤等，但因钢铁工业废水成分复杂，一部分废水经传统工艺处理后的出水并不能保障达标排放或回用。

因此，针对钢铁企业排放废水的水质状况，采用有效的深度处理工艺，最终实现水资源的循环利用。国内外常用的深度处理的方法有絮凝沉淀法、砂滤法、活性炭法、臭氧氧化法、膜分离法、离子交换法、电解处理、湿式氧化法、蒸发浓缩法等物理化学方法及生物脱氮、脱磷法等[47]。深度处理方法费用昂贵，管理较复杂。

（4）推荐技术

①焦化废水处理技术。

❖ A/O（缺氧/好氧）生化处理技术。

预处理后的废水依次进入缺氧池和好氧池，利用活性污泥中的微生物降解废水中的有机污染物。通常好氧池采用活性污泥工艺，缺氧池采用生物膜工艺。

当进水 COD_{Cr} 低于 2 000 mg/L 时，酚、氰处理去除率大于 99%，COD_{Cr} 去除率 85%～90%，出水 COD_{Cr} 200～300 mg/L。该技术可有效去除酚、氰；但缺氧池抗冲击负荷能力差，出水 COD_{Cr} 浓度偏高。

❖ A^2/O（厌氧—缺氧/好氧）生化处理技术。

A^2/O 工艺是在 A/O 工艺中缺氧池前增加一个厌氧池，利用厌氧微生物先将复杂的多环芳烃类有机物降解为小分子，提高焦化废水的可生物降解性，利于后续生化处理。

当进水 COD_{Cr} 低于 2 000 mg/L、氨氮低于 150 mg/L 时，酚、氰去除率大于 99.8%，氨氮去除率大于 95%，COD_{Cr} 去除率大于 90%，出水 COD_{Cr} 100～200 mg/L，氨氮 5～10 mg/L。该技术可有效去除酚、氰及有机污染物；但占地面积大，工艺流程长，运行费用较高。

❖ A/O^2（缺氧/好氧—好氧）生化处理技术。

A/O^2 又称为短流程硝化-反硝化工艺，其中 A 段为缺氧反硝化段，第一个 O 段为亚硝化段，第二个 O 段为硝化段。当进水 COD_{Cr} 低于 2 000 mg/L、氨氮低于 150 mg/L 时，酚、氰去除率大于 99.5%，氨氮去除率大于 95%，COD_{Cr} 去除率大于 90%，出水 COD_{Cr} 100～200 mg/L、氨氮 5～10 mg/L。

该技术可强化系统的抗冲击负荷能力，有效去除酚、氰及有机污染物；但占地面积大，工艺流程长，运行费用较高。

❖ O-A/O（初曝—缺氧/好氧）生化处理技术。

O-A/O 工艺由两个独立的生化处理系统组成，第一个生化系统由初曝池（O）+初沉池构成，第二个生化系统由缺氧池（A）+好氧池（O）+二沉池构成。

当进水 COD_{Cr} 低于 4 500 mg/L、氨氮低于 650 mg/L、挥发酚低于 1 000 mg/L、氰化物低于 70 mg/L、BOD_5/COD_{Cr} 为 0.1～0.3 的情况下，出水 COD_{Cr}100～200 mg/L、氨氮 5～10 mg/L。该技术可实现短程硝化-反硝化、短程硝化-厌氧氨氧化，降解有机污染物能力强，抗毒害物质和系统抗冲击负荷能力强，产泥量少。

②炼钢废水处理技术。

❖ 混凝沉淀法废水处理技术。

混凝沉淀法是在废水中投加一定量的高分子絮凝剂，使废水中的胶体颗粒与絮凝剂发生吸附架桥作用形成絮凝体，通过重力沉淀与水分离的废水处理技术。该技术适用于炼钢工艺转炉煤气洗涤废水的处理。

❖ 三段式废水处理技术。

三段式废水处理技术的过程是废水先后流经一次沉淀池（旋流井）和二次沉淀池（平流沉淀池或斜板沉淀池），去除其中的大颗粒悬浮杂质和油质，出水进入高速过滤器，进一步对废水中的悬浮物和石油类污染物过滤，最后经冷却塔冷却后循环使用。该技术适用于炼钢工艺对回用水质要求较高的连铸废水处理。

❖ 化学除油法废水处理技术。

化学除油法是通过投加化学药剂，使废水中的石油类、氧化铁皮等污染物通过凝聚、絮凝作用与水分离。主要设备是集除油、沉淀为一体的化学除油器。该技术适用于炼钢工艺对回用水质无特殊要求的连铸废水处理。

③轧钢废水处理技术。

❖ 热轧废水处理技术。

● 三段式热轧废水处理技术。

轧钢废水的三段式处理技术过程与炼钢废水的相同。该技术可去除废水中的大部分氧化铁皮和泥沙，适用于轧钢工艺热轧直接冷却废水的处理。处理后的出水经冷却返回热轧浊环水系统循环使用。

● 两段式热轧废水处理技术。

两段式热轧废水处理技术是利用一次铁皮沉淀池与化学除油器组合的方式进行废水的处理。该技术出水悬浮物浓度低于 30 mg/L，石油类污染物浓度低于 5 mg/L；但沉降效果不稳定，出水水质波动大。

❖ 混凝沉淀石墨废水处理技术。

混凝沉淀石墨废水处理技术通过投加混凝剂使废水中的悬浮物以絮状沉淀物形式从废水中分离。该技术处理后的出水悬浮物浓度低于 200 mg/L，出水与清水混合后可返回浊环水系统循环使用。

❖ 冷轧废水处理技术。

● 生化处理技术。

生化处理技术利用微生物的新陈代谢作用，降解废水中的有机物。轧钢工艺废水处理中常采用的生化处理技术主要有膜生物反应器（MBR）和生物滤池等。

生化处理技术适用于轧钢工艺浓碱及乳化液废水、光整废水和湿平整废水预处理后的综合处理，以及稀碱含油废水的处理。

● 混凝沉淀处理技术。

混凝沉淀技术通过投加絮凝剂，使水体中的悬浮物胶体及分散颗粒在分子力的作用下生成絮状体沉淀从水体中分离。该技术适用于轧钢工艺冷轧废水的综合处理。

6.1.4 印染行业

（1）废水水质特性

我国印染废水日排放量为 300 万～400 万 t，是各行业中的排污大户之一。印染废水主要由退浆废水、煮炼废水、漂白废水、丝光废水、染色废水和印花废水组成。印染加工的四个工序都要排出废水，预处理阶段（包括退浆、煮炼、漂白、丝光等工序）要排出退浆废水、煮炼废水、漂白废水和丝光废水；染色工序排出染色废水；印花工序排出印花废水和皂液废水；整理工序则排出整理废水。通常所说的印染废水是以上各类废水的混合废水，或除漂白废水以外的综合废水。

印染废水的水质随采用的纤维种类和加工工艺的不同而异，污染物组分差异很大。印染废水一般具有污染物浓度高、种类多、含有毒有害成分及色度高等特点。一般印染废水 pH 为 6～10，COD_{Cr} 为 400～1 000 mg/L，BOD_5 为 100～400 mg/L，SS 为 100～200 mg/L，色度为 100～400 倍。但当印染工艺、采用的纤维种类和加工工艺变化后，废水水质将有较大变化。近年来由于化学纤维织物的发展，仿真丝的兴起和印染后整理技术的进步，使 PVA 浆料、人造丝碱解物（主要是邻苯二甲酸类物质）、新型助剂等难生化降解有机物大量进入印染废水，其 COD_{Cr} 浓度也由原来的每升数百毫克上升到 2 000～3 000 mg/L 以上，BOD_5 增大到 800 mg/L 以上，pH 达 11.5～12，从而使原有的生物处理系统 COD_{Cr} 去除率从 70%下降到 50%左右，甚至更低。

印染各工序的排水情况一般是：

①退浆废水。水量较小，但污染物浓度高，其中含有各种浆料、浆料分解物、纤维屑、淀粉碱和各种助剂。废水呈碱性，pH 为 12 左右。上浆以淀粉为主的（如棉布）退浆废水，其 COD_{Cr}、BOD_5 值都很高，可生化性较好；上浆以聚乙烯醇（PVA）为主的（如涤棉经纱）退浆废水，COD_{Cr} 高而 BOD_5 低，废水可生化性较差。

②煮炼废水。水量大，污染物浓度高，其中含有纤维素、果酸、蜡质、油脂、碱、表面活性剂、含氮化合物等，废水呈强碱性，水温高，呈褐色。

③漂白废水。水量大，但污染较轻，其中含有残余的漂白剂、少量醋酸、草酸、硫代硫酸钠等。

④丝光废水。含碱量高，NaOH 含量在 3%～5%。多数印染厂通过蒸发浓缩回收 NaOH，所以丝光废水一般很少排出。经过工艺多次重复使用最终排出的废水仍呈强碱性，BOD_5、COD_{Cr}、SS 均较高。

⑤染色废水。水量较大，水质随所用染料的不同而不同，其中含浆料、染料、助剂、表面活性剂等，一般呈强碱性，色度很高，COD_{Cr} 较 BOD_5 高得多，可生化性较差。

⑥印花废水。水量较大，除印花过程的废水外，还包括印花后的皂洗、水洗废水，污染物浓度较高，其中含有浆料、染料、助剂等，BOD_5、COD_{Cr} 均较高。

⑦整理废水。水量较小，其中含有纤维屑、树脂、油剂、浆料等。

⑧ 碱减量废水。是涤纶仿真丝碱减量工序产生的，主要含涤纶水解物对苯二甲酸、乙二醇等，其中对苯二甲酸含量高达 75%。碱减量废水不仅 pH 高（一般大于 12），而且有机物浓度高，碱减量工序排放的废水中 COD_{Cr} 可高达 9 万 mg/L，其中高分子有机物及部分染料很难被生物降解，此种废水属高浓度难降解有机废水。

（2）废水排放适用标准

《纺织染整工业水污染物排放标准》（GB 4287—1992）。

（3）废水治理常用方法

印染废水处理常用的方法主要分为两大类：物化法和生化法[48]。

①物化处理技术。

物化法是在污水中加入絮凝剂、助凝剂，在特定的构筑物内进行沉淀或气浮，去除污水中污染物的方法。物化法去除污染物不彻底、污泥量大并且难以进一步处理，会产生一定的“二次污染”，一般不单独使用，仅作为生化处理的辅助工艺。常用的物化处理单元主要有：絮凝沉淀、气浮、吸附、过滤。

- 絮凝沉淀。絮凝沉淀在印染废水处理中常用，一般可去除 40%～50%的 COD_{Cr} 和 60%～80%的色度。
- 气浮。气浮在印染废水处理中常用，一般可去除 40%～50%的 COD_{Cr} 和 60%～

80%的色度。

❖ 吸附。常用的吸附剂有：活性炭、硅藻土、树脂等。

❖ 过滤。过滤在印染废水处理中不常用，主要用于回用水的深度处理或针对某些难降解化合物的处理。

②生化处理技术。

生化法是利用微生物的作用，使污水中有机物降解、被吸附而去除的一种处理方法。由于其降解污染物彻底，运行费用相对低，基本不产生“二次污染”等特点，被广泛应用于印染污水处理中。生化处理技术主要分为厌氧和好氧。厌氧技术包括水解酸化、UASB 等；好氧技术主要包括生物膜法、活性污泥法等。

❖ 厌氧技术。在印染废水处理中常将厌氧控制在水解酸化阶段，来降解废水中部分污染物，同时提高废水的可生化性。即印染废水中常用的水解酸化工艺，一般 COD_{Cr} 去除率为 2%～40%，色度去除率可达 40%～70%。

❖ 好氧技术。在印染废水中常用的好氧技术主要有：活性污泥法、接触氧化法。一般 COD_{Cr} 去除率为 55%～88%。

（4）推荐技术

印染废水根据棉纺、毛纺、丝绸、麻纺等印染产品的生产工艺和水质特点，可采用不同的治理技术路线，实现达标排放。印染废水治理工程的经济规模为废水处理量 $Q \geqslant 1\,000$ t/d。印染企业集中地区可实行专业化集中治理。在有正常运行的城镇污水处理厂的地区，印染企业废水可经适度预处理，符合城镇污水处理入厂水质要求后，排入城镇污水处理厂统一处理，实现达标排放。印染废水治理应当采用生物处理技术和物理化学处理技术相结合的综合治理路线，不宜采用单一的物理化学处理单元作为稳定达标排放治理流程（图 6-5）。

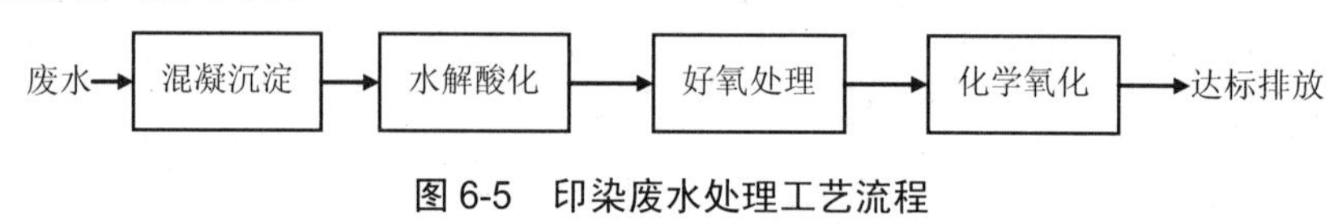

图 6-5　印染废水处理工艺流程

棉机织、毛粗纺、化纤仿真丝绸等印染产品加工过程中产生的废水，宜采用厌氧水解酸化、常规活性污泥法或生物接触氧化法等生物处理方法和化学投药（混凝沉淀、混凝气浮）、光化学氧化法或生物炭法等物化处理方法相结合的治理技术路线。

棉纺针织、毛精纺、绒线、真丝绸等印染产品加工过程中产生的废水，宜采用常规活性污泥法或生物接触氧化法等生物处理方法和化学投药（混凝沉淀、混凝气浮）、光化学氧化法或生物炭法等物化处理方法相结合的治理技术路线。

洗毛回收羊毛脂后废水，宜采用预处理、厌氧生物处理法、好氧生物处理法和化学投药法相结合的治理技术路线。或在厌氧生物处理后，与其他浓度较低的废水混合后再进行好氧生物处理和化学投药处理相结合的治理技术路线。

麻纺脱胶宜采用生物酶脱胶方法，麻纺脱胶废水宜采用厌氧生物处理法、好氧生物处理法和物理化学方法相结合的治理技术路线。

6.1.5 造纸行业

（1）废水水质特性

目前，我国大中小型造纸厂总数有 10 000 余家，年排放废水量为 40 多亿 m^3，占全国废水总排放量的 10%。造纸废水中的 BOD_5 年排放量 200 多万 t，占全国废水 BOD_5 总排放量的 25%。因此，如何应用造纸废水治理技术，回收、利用资源，具有重要的现实意义。

在制浆（化学法）和造纸生产过程中主要产生三类废水：黑（红）液、中段废水和纸机白水[49]。黑（红）液主要是蒸煮制浆废水，是把植物原料中的纤维分离出来的制浆过程产生的废水；中段水包括纸浆洗涤、筛选、漂白废水；纸机白水为抄纸车间废水，是把浆料稀释、成型、压榨、烘干，制成纸张过程中产生的废水。其中蒸煮废水对环境的污染最严重，占整个造纸工业污染的 90%。

黑液的主要成分是木质素、纤维素、半纤维素、单糖、有机酸及氢氧化钠等，BOD_5 高达 5～40 g/L，其中的有用物质可以综合回收；中段废水污染物复杂，含有较高浓度的木质素、纤维素和树脂等较难生物降解的物质成分，而且富含漂白阶段产生的对环境危害大的有机氯化物，pH 为 9～11，悬浮物为 1 000 mg/L 左右，COD 为 600～2 500 mg/L，色度深；纸机白水含有大量纤维和在生产过程中添加的填料与胶料[50]。

制浆造纸工业所用的纤维原料，不论木材或草类原料，纤维素作为生产化学浆的主要组分，其含量一般都不超过 50%，其他组分有木素、半纤维素、无机物、可抽提物、多糖类等。

制浆造纸过程排放的主要污染物有[51]：

- ❖ 悬浮物。造纸工业中所称的悬浮物包括可沉降悬浮物和不可沉降悬浮物两种，主要是纤维和纤维细料（即破碎的纤维碎片和杂细胞）。
- ❖ 易生物降解有机物。在制浆和漂白过程中溶出的原料组分，一般是易于生物降解的，其中包括低分子量的半纤维素、甲醇、醋酸、蚁酸、糖类等。
- ❖ 难生物降解有机物。制浆造纸厂排水中的难生物降解有机物主要来源于纤维原料中所含的木素和大分子碳水化合物。浆厂难生物降解的物质通常是带色的。
- ❖ 毒性物质。浆厂排放的污染物中有许多有毒物质，主要为：黑液中含有的松香酸和不饱和脂肪酸；污冷凝液中含有的对鱼类特别有毒的成分如硫化氢、甲基硫、甲硫醚；漂白碱抽提废水中的多种氯化有机化合物，其中剧毒的二噁英已引起广泛注意。
- ❖ 酸碱物质。制浆废水中的酸碱物质可明显改变接受水体的 pH。碱法制浆废水 pH 为 9 ~ 10；漂白废水的 pH 变化很大，可能低于 2，也可能高于 12；而某些酸法浆厂的废水 pH 则低至 1.2 ~ 2.0。
- ❖ 色度。制浆废水中所含残余木素是高度带色的。

（2）废水排放适用标准

《纸浆造纸工业水污染物排放标准》（GB 3544—2008）。

（3）废水治理常用方法

造纸废水处理应着重于提高循环用水率，减少用水量和废水排放量，同时也应积极探索各种可靠、经济和能够充分利用废水中有用资源的废水处理方法。例如：浮选废水处理法可回收白水中纤维性固体物质，回收率可达 95%，澄清水可回用；燃烧废水处理法可回收黑水中氢氧化钠、硫化钠、硫酸钠以及同有机物结合的其他钠盐[52]。中和废水处理法可调节废水 pH 值；混凝沉淀或浮选法可去除废水中的悬浮固体；化学沉淀法可脱色；生物处理法可去除 BOD_5，对牛皮纸废水较有效；湿式氧化法处理亚硫酸纸浆废水较为成功[53]。此外，国内外也有采用反渗透、超过滤、电渗析等造纸废水处理方法。

（4）推荐技术

①黑（红）液。

造纸黑液处理技术有碱回收法、絮凝沉淀法、膜分离法、酸析法、好氧活性污泥法等，其中碱回收法是目前技术最成熟、工业应用最广泛的造纸黑液处理技术。碱回收技术又可分为燃烧法、电渗析法及黑液气化法。

燃烧法碱回收技术的流程分为提取、蒸发、燃烧、苛化-石灰回收四道工序。原理是将黑液浓缩后在燃烧炉中进行燃烧，将有机钠盐转化为无机钠盐，然后加入石灰将其苛化为氢氧化钠，以达到回收碱和热能的目的。随着工艺和设备的不断改进，碱回收的成本已远远低于外购商品间的费用，成为大型碱法造纸厂的常规工艺。

②中段废水。

由于造纸中段废水水量大、污染物浓度高、成分复杂，为保障中段废水处理达标排放，一般采用物化与生化相结合的处理方法。

物化处理方法中的混凝沉淀法或混凝气浮法是最常用的方法，具有过程简单、操作方便、效率高等优点，缺点是运行费用高。混凝剂一般选用聚铝（PAC）或改性产品，助凝剂一般选用阳离子型聚丙烯酰胺。用混凝沉淀法处理造纸废水，其 SS 去除率可达 85%～98%，色度去除率可达 90%以上，COD_{Cr} 去除率可达 60%～80%。由于处理后的出水水质较好，可将其回用于洗浆和抄纸，而得到的泥浆可作为箱板夹层纸纸浆回用。

活性污泥法是中段废水生物处理中使用最广泛的一种方法，常用的处理工艺有传统活性污泥法、序批式活性污泥法（SBR）等。此外，生物膜法中的生物接触氧化法也是常用的方法。

造纸中段废水成分复杂，在实际深度处理中，很难断言采用哪一种方法最好，因此在选择处理工艺时，应先充分考虑各种处理方法的优缺点，同时根据实际技术水平和生产状况，在不同的条件下对技术和经济进行比较。

③纸机白水。

根据各工段用水质量要求不同，部分白水可直接回用，部分要进行不同程度的处理后回用。白水中的 SS 主要由纸浆纤维组成，可以作为资源加以回收利用。目前纸机白水处理方法主要采用气浮法，具有 SS 去除率高、操作简单、处理效率高等优点。此外还可采用化学混凝法，该方法多与沉淀、气浮和过滤连用，通过投加混凝剂和助凝剂，使白水中的细小纤维、填料、胶体物质及部分溶解性有机物聚沉。

6.1.6 制药行业

（1）废水水质特性

制药工业是工业废水的主要来源之一，制药工业属于精细化工行业，是国家环保规划重点治理的 12 个行业之一。其特点是原料药生产品种多、生产工序多、使用原料种类多、数量大、原材料利用率低等。一般一种原料药往往有几步甚至十几步反应，使用原材料数种或数十种，原料总耗常达到 10 kg/kg 以上，高的超过 200 kg/kg，因而产生的污染物量大，成分复杂，危害严重。

据统计，制药工业占全国工业总产值的 1.7%，而污水排放量占 2%。最近，越来越多的药物类有机物在饮用水及水环境中被检出，这与制药废水的大量排放不无关系。而其中包括多种内分泌干扰化合物或持久性有机污染物，其对环境和人体健康可能造成的影响已引起人们的广泛关注。

因为制药过程中常涉及一系列复杂的化学反应过程，生产流程长，反应复杂，副产物多，反应原料常为溶剂类物质或环状结构的化合物，过程中用到大量原料并产生大量废水。这些废水中常含有大量有机和无机组分包括废溶剂、催化剂、反应物、一定量的反应中间体和产品等，使得废水中污染物组分繁杂、COD_{Cr}高、含多种有毒有害污染物和生物难降解物质。制药废水往往治理难度大且处理成本高，是废水治理中的难点和重点。

（2）废水排放适用标准

环境保护部根据制药工业污染特点将其分为 6 类：发酵类、化学合成类、混装试剂类、生物工程类、提取类以及中药类，并针对 6 类制药废水分别制订《制药工业污染物排放标准》。

《发酵类制药工业水污染物排放标准》（GB 21903—2008）；

《化学合成类制药工业水污染物排放标准》（GB 21904—2008）；

《提取类制药工业水污染物排放标准》（GB 21905—2008）；

《中药类制药工业水污染物排放标准》（GB 21906—2008）；

《生物工程类制药工业水污染物排放标准》（GB 21907—2008）；

《混装制剂类制药工业水污染物排放标准》（GB 21908—2008）。

（3）废水治理常用方法

①制药废水预处理技术。

目前，针对高浓度有机废水，多年来已经发展了一系列预处理技术[54]：

❖ 气浮法。

气浮法是利用高度分散的微小气泡作为载体去黏附废水中的污染物，使其视密度小于水而上浮到水面实现固液或液液分离的过程。气浮主要用于高悬浮物废水的预处理，并能除去一定的COD_{Cr}。气浮法包括充气气浮、溶气气浮、化学气浮等多种形式。化学气浮由于需加入新的产气物质，并可能增加新的污染，已不属于今后的发展方向。目前应用广泛的气浮技术主要是溶气气浮、机械气浮（充气气浮的一种）。机械气浮的优点是能耗低，但气泡分散度低，仅适用于油脂类食品废水的预处理。溶气气浮可以用于高悬浮物的制药废水的预处理。

国内在溶气气浮释放器的研究上已取得重要进展，但是如何降低能耗仍是今后的主要研究方向。近年来发展起来的解决溶气气浮能耗高（免使用溶气罐与空压机）的溶气泵技术成为溶气气浮发展的潮流，其研究内容包括高效的溶气泵技术、溶气降噪技术以及溶气空化攻关技术。

❖ 混凝法。

向水中投加混凝剂，可使污水中的胶体颗粒失去稳定性，凝聚成大颗粒而下沉。通过混凝法可去除污水中的细分散固体颗粒、乳状油及胶体物质等。高效混凝处理的关键在于恰当地选择并投加性能优良的混凝剂。近年来，混凝剂的发展方向是由低分子向聚合高分子发展，由成分功能单一型向成分复合型发展。

混凝法中存在的主要问题为：现有的絮凝剂作用单一，效果较差。复合（无机与有机）的优选是重要的技术问题。

❖ 吸附与树脂交换法。

吸附法是指利用多孔性固体吸附废水中某种或几种污染物，以回收或去除污染物，从而使废水得到净化的方法。常用的吸附剂有粉末活性炭、煤质柱状活性炭、人造浮石、腐殖酸（钠）、高岭土、漂白土、硅藻土、皂土等。活性炭吸附性能好，但是再生难。近年来引起人们关注的吸附剂主要有改性粉煤灰和磺化煤。

采用大孔树脂分离回收废水中高浓度的中间体已在化工行业得到了很好的应用，我国在该领域已经取得了明显的成果。

❖ 吹脱法。

当挥发性有机物高或氨氮浓度高时，采用吹脱法可以有效降低挥发性有机物或氨氮含量。

❖ 铁炭（Fe-C）处理法（微电解法、内电解法）。

在酸性介质中，铁屑与炭粒形成无数个微小原电池，释放出活性极强的[H]，新生态的[H]能与溶液中的许多组分发生氧化还原反应，同时还产生新生态的 Fe^{2+}；新生态的 Fe^{2+}具有较高的活性，生成 Fe^{3+}，随着水解反应进行，形成以 Fe^{3+}为中心的胶凝体。目前大量的制药工业废水采用的预处理措施是 Fe-C 处理法。采用 Fe-C 法预处理后的废水，可生化性大大提高，且此法相对经济。Fe-C 处理法的最主要缺点是存在 Fe-C 床容易堵塞、反应床清洗困难、反应须控制在酸性条件下进行、处理效果不稳定、Fe-C 床需要反复活化、操作劳动强度大等问题。

针对上述问题，目前开展的研究包括采用移动式 Fe-C 床代替固定床以解决床体堵塞、反复冲洗的问题；通过强化氧化作用（如强制曝气），提高 Fe-C 床氧化有机污染物的效果，利用 Fe-Cu 床高电位差替代 Fe-C 床，提高微电解电化学反应活性。

❖ Fenton 试剂处理法。

亚铁盐和 H_2O_2 的组合称为 Fenton 试剂，它能有效去除传统废水处理技术无法去除的难降解有机物，常用于高浓度有机废水的应急处理。Fenton 试剂处理法的主要不足是处理成本太高，不仅消耗大量的铁离子，而且消耗大量的 H_2O_2。

近年来的发展趋势是将 Fenton 法与其他处理方法相结合以降低处理成本。如采用将

Fe-C 法与 Fenton 法相结合的铁炭-Fenton 法或将电絮凝与 Fenton 法相结合的电絮凝-Fenton 氧化法进行废水预处理。铁炭-Fenton 法是在 Fe-C 法基础上发展起来的，它通过向铁炭反应器中投加 H_2O_2，形成 Fenton 氧化以增强对 COD_{Cr} 和色度的去除效果。与传统方法相比，H_2O_2 的加入增加了污染物的降解途径，提高了对污染物的去除效率，同时也充分利用了由废铁屑产生的 Fe^{2+}，节省了药剂用量，达到了以废治废的目的。电絮凝-Fenton 氧化法则不仅利用了 Fenton 反应的氧化机制，还充分利用了电解氧化和絮凝、气浮机制，提高了对污染物的去除效率。但该方法的处理成本高，仍是该技术广泛应用的最大瓶颈。

❖ 脉冲电絮凝法。

制药化工废水具有水质成分复杂、有机物浓度高、难降解、对微生物有毒性、色度和悬浮物高，并且间歇排放、冲击负荷较高的特点，采用单一的预处理技术，如絮凝、气浮、氧化等，难以达到理想的预处理效果；如果采用几种预处理技术的组合，往往又会增加处理成本。如何高效、可靠（可控、稳定性好）、低成本地实现制药化工废水的预处理，是目前预处理技术的难点。

脉冲电絮凝是近年来发展起来的一种新型预处理技术。它不仅具有电解氧化还原、电解絮凝、电解气浮三种电化学处理过程的协同作用，而且克服了传统电絮凝技术存在的阳极钝化所造成的电耗升高、处理效率降低的不足，同时具有抗冲击能力强、处理效率高的特点。脉冲电絮凝技术采用了“供电—断电—供电”的供电方式，不仅解决了电极钝化的问题，而且大幅度地降低了能耗，理论上与传统电絮凝相比，可降低能耗 75%左右（占空比 0.5），是一种可靠的绿色水处理技术。

❖ $UV/H_2O_2/O_3$ 技术。

该技术的基本原理是借助于紫外光激发，形成强氧化性的羟基自由基。$UV/H_2O_2/O_3$ 对有机物的降解利用了氧化和光解作用，包括氧离子的直接氧化、O_3 和 H_2O_2 分解产生的羟基自由基的氧化、直接光解和离解作用，这些作用在氧化有机物时的相对重要性取决于各种运行参数。如：pH，UV 光强和波长范围，氧化剂之间及其与有机物的比值。在紫外线激发下，O_3 和 H_2O_2 的协同作用对有机污染物具有更广谱的去除效果。

②制药废水强化生化处理技术。

研究预处理后的制药废水强化生物处理技术，选用好氧颗粒污泥法和水解酸化-好氧组合技术处理制药废水的工艺，构建制药废水处理的技术方案。筛选培养能降解抗生素废水的工程菌作为菌种固定到填料或好氧颗粒中强化制药废水的生化处理效果。研究低温条件下，生物法处理制药废水的技术方案。研究小试和中试条件下，采用上述技术处理高毒性、难降解制药废水的可行性及运行参数，为进一步的工业应用奠定基础。

❖ 好氧颗粒污泥技术。

颗粒污泥是一种特殊形态结构的生物聚集体，也是具有自我平衡能力的微生态系统。颗粒污泥的形成是微生物固定化的一种形式，但是颗粒污泥不同于其他类型的微生物固定化，它的形成与存在不依赖于任何惰性载体，并且这种近似球形的微生物聚集体通常具有相对较大的粒径。颗粒污泥与絮状污泥相比，最为显著的特征即具有良好的沉降性能，一方面可以使系统中存留大量的污泥，从而带来处理水量的增加及出水水质的提高；另一方面，由此带来的良好固液分离效果可以大大降低污泥沉淀系统的体积连续流系统以及减少总循环时间或在总循环时间不变的情况下增加反应时间（间歇式系统）。因此可以看出，好氧颗粒污泥技术具有广阔的应用前景。

❖ 水解酸化-好氧处理组合工艺。

水解在化学上指的是化合物与水进行的一类反应的总称。在废水生物处理中，水解是指有机物（基质）进入细胞前，在细胞外进行的生物化学反应。这一阶段最典型的特征是生物反应的场所发生在细胞外，微生物通过释放胞外自由酶和连接在细胞外壁上的固定酶来完成生物催化氧化反应（主要包括大分子物质的断链和水溶）。酸化则是一类典型的发酵过程。这一阶段的基本特征是微生物的代谢产物主要为各种有机酸（如乙酸、丙酸、丁酸等）。水解和酸化无法截然分开，是因为水解菌实际上是一种具有水解能力的发酵细菌，水解是耗能过程，发酵细菌付出能量进行水解，其目的是为了获取能进行发酵的水溶性基质，通过胞内的生化反应取得能源，同时排放代谢产物（各种有机酸醇）。如果废水中同时存在不溶性和溶解性有机物时，水解和酸化更是同时进行且不可分割。

水解酸化过程中，进出水 COD_{Cr} 和 BOD_5 浓度的变化可能有以下三种情况：

- 降低，但最大不超过 30%；
- 与原水持平（如葡萄糖为水解酸化底物时即出现此情形）；
- 略有升高（高分子复杂有机物的水解酸化时）。

但基于实际废水中基质的复杂性、参与水解酸化过程的微生物的多样性及环境条件的多变性，上述三种情形亦可能同时兼而有之。

（4）推荐技术

对于一般的制药行业废水，推荐使用厌氧-好氧的集成处理技术；对于高浓度、难降解、具有生物毒性的制药废水，必须考虑物化预处理-厌氧-好氧的集成处理技术；另外根据出水的用途，还需要考虑一定的深度处理技术，如回用水需要考虑采用膜技术进行处理。以黄连素母液、黄连素含铜废水以及磷霉素废水为例的技术路线如图 6-6 所示。

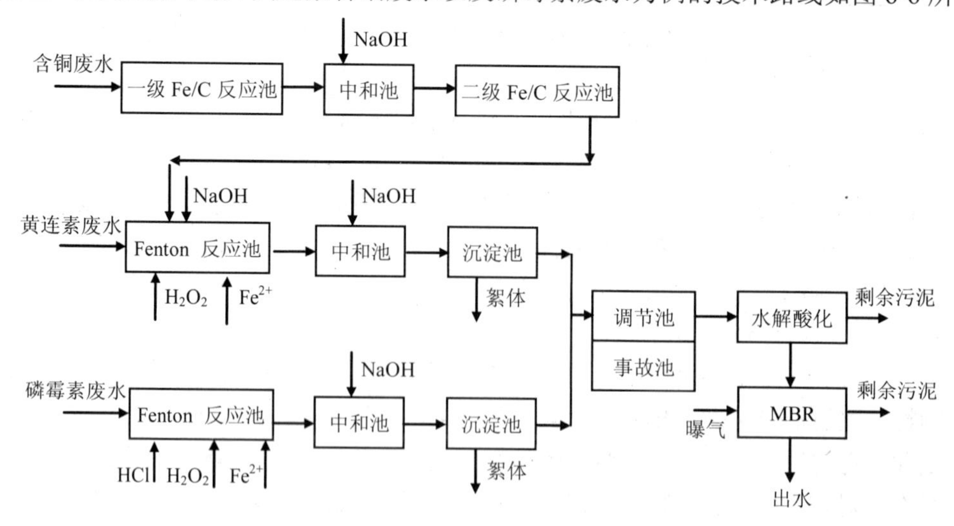

图 6-6 水解酸化-MBR 制药废水处理工艺路线

6.2　河道治理与生态修复推荐技术

6.2.1　水质特性及存在问题

辽河流域总体水质状况为重度污染，其中辽河水系、浑太水系以及大凌河水系均为重度污染。辽河流域主要污染指标依次为五日生化需氧量、氨氮和石油类，其中辽河水系为氨氮、五日生化需氧量和石油类，浑太水系为氨氮、五日生化需氧量和总磷，大凌河水系为氨氮、高锰酸盐指数和总磷。2009 年辽河流域评价的 107 个国控、省控监测断面中，Ⅰ～Ⅲ类、Ⅳ类、Ⅴ类和劣Ⅴ类水质的断面比例分别为 13.08%、19.63%、15.89%和 51.40%。

导致辽河流域污染严重的原因，主要有以下几个方面：

（1）城镇污水设施运行水平依然较低

截至 2010 年年底，辽河流域共建成城镇污水处理厂 109 座，形成约 554.12 万 t/d 的污水处理能力，实际处理水量为 422.57 万 t/d，基本达到设计出水水质标准，但与地方水质标准要求仍有一定距离。污水处理厂运行负荷率为 76.26%，污水处理率为 72.13%。辽河流域城镇污水处理及运行仍处于较低水平。

（2）工业结构性污染突出

辽河流域受传统东北老工业基地重化工业布局影响，行业结构性污染突出。从工业污染的行业统计分析，石油加工炼焦及核燃料加工业、化学原料及化学制品制造业、造纸及制品业、黑色金属冶炼及压延加工业、农副食品加工业、饮料制造业和制药制造业等 8 个主要行业污染排放比重大，废水排放量及 COD_{Cr}、氨氮排污负荷分别占工业总量的 57.17%、79.01%和 66.48%。

（3）农村生活源对水环境影响严重

辽河流域乡镇及农村人口约 0.24 亿，建制镇每年产生生活污水近 1.7 亿 t，产生 COD_{Cr} 近 11.9 万 t，产生氨氮 0.51 万 t。然而截至 2010 年年底，乡镇级污水处理设施能力仅为 9.4 万 t/d，处理率仅为 6.3%。未经处理的污水和污染物，部分渗入地下，部分直接或随降雨进入地表水体。

（4）支流水污染依然严重

2009 年进行监测的 41 条支流当中，3 条支流 COD_{Cr} 在 60 mg/L 以上，氨氮在 3.0 mg/L 以上；11 条支流 COD_{Cr} 在 40 mg/L 以上，氨氮在 2.0 mg/L 以上；27 条支流 COD_{Cr} 在 30～40 mg/L，氨氮为 1.5～2.0 mg/L。

（5）河流氨氮污染总体严重

除西辽河水资源区外，全流域 30 个国控监测断面水质数据表明，氨氮已成为导致流域水质达标率相对较低的重要污染因子。

（6）部分水库富营养化问题严重

流域内部分水库总氮、总磷严重超标，个别水库富营养化问题严重。在调查的 40 座城市饮用水水源水库中，属于中营养状态的有 15 座，轻度富营养状态的有 10 座，富营养状态的水库占评价水库的37.4%，占水库水源总数的25%。

（7）流域水生态退化严重

辽河干流藻类、底栖动物、鱼类多样性调查资料表明，其水生生物多样性下降，鱼类数量从20世纪80年代的90多种减少为现今的10余种，水生态系统结构退化严重，生态功能衰退明显。

6.2.2 废水排放适用标准

排入水体的污水处理厂执行《城镇污水处理厂污染物排放标准》（GB 18918—2002）中相应排放标准。辽河流域干流水体达到《地表水环境质量标准》（GB 3838—2002）Ⅳ类水体标准，支流达到Ⅴ类水体标准。

6.2.3 河道治理与生态修复常用方法和技术

通常河道治理与生态修复技术主要有以下几种：

（1）河道曝气增氧、河道生物膜技术

河道曝气增氧具有见效快、效果好、投资与运行费用相对较低的特点，已成为一些发达国家（如美国、德国、法国、英国）及中等发达国家与地区（如韩国、中国香港等）在中小型河流污染治理中经常采用的方法。目前河道生物膜技术应用较多的有美国的Aquamantics、深圳河道治理的生物飘带技术等。

（2）藻类控制技术

目前国际上采用的技术主要有化学方法、物理方法和生物-生态方法三类，近年来，利用鲢、鳙等滤食性鱼类对水华进行控制的方法引起了人们的重视。

（3）生物修复技术

生物修复技术是指利用微生物及其他生物，将水体中的有毒有害污染物质降解为CO_2和水，或转化为无毒无害物质的工程技术系统。目前国内外在生物修复所用的微生物制剂研制方面已经取得了较多的研究及应用成果。

（4）生物-生态修复技术

近年来生物-生态污水处理技术发展很快，在国外已经达到工程实用化的程度，并且积累了系列观测数据。我国河流保护与修复工作起步较晚。20世纪90年代以来，国内开展了河流生态治理与生态修复方面的探索性工作。在科研方面，已开展了高效污水处理技术、面源污染控制技术、人工湿地、稳定塘、生物浮床、水生植被恢复、生物操纵、生物膜法原位处理河水及河流生态修复的评估方法、河流生态需水量和生态基流量、生态型护岸技术与产品、典型物种的生境等研究工作。在具体工程方面，典型的案例有北京城市河湖综合治理、成都府南河的治理、绍兴环城河治理、桂林两江四湖滨水景区建设、北京长河生态治理、杭州西湖水环境治理、官厅水库生态湿地示范工程、北京城市中心区水域水质改善与生态修复等。

（5）引水冲污-水力调控技术

引水冲污技术在国内的福州、广州、中山、佛山、齐齐哈尔、杭州等城市都得到了应用，并取得一些经验，但运行费用昂贵，并且在未加截污或内源污染严重的情况下，难以达到一劳永逸的效果。

（6）其他的水质净化技术

包括组建以不同生态类型的水生高等植物为优势种的人工复合生态系统，以及河流生态体系构建技术对河道实施综合治理，使河道治理成为流域经济发展与产业结构调整的契机和重要组成部分。

6.2.4　推荐技术

“十一五”期间，水专项“浑河中游工业水污染控制与典型支流治理技术及示范”课题组按照控源优先、生态修复为主、景观性与经济性并重的思想，研发了生态水面扩增及景观构建技术集成体系，包括重污染支流傍河塘和湿地组合生态净化技术；重污染支流物化预处理与生态组合净化技术；重污染支流在线污染控制及景观构建技术。该技术主要通过塘和湿地、物化预处理和湿地、污染控制和景观构建等多项集成生态净化工艺，实现对重污染河道内 COD_{Cr} 的有效削减，以及氨氮和总磷的持续控制，提高水环境自净能力，同时实现河流景观建设和生态恢复，进而为浑河干流水环境污染削减及达到Ⅳ类水体要求提供技术支撑。目前课题组已经将所研发的生态水面扩增及景观构建技术集成体系应用于抚顺城市河道和城市综合废水治理及细河水质改善与水环境建设示范工程中，并且取得了良好的示范效果。

①针对补水以污水处理厂尾水为主，水质无法达到河流生态重建需求的典型城市重污染支流的情况，通过高效接触氧化和多层组合生物浮岛集成技术的应用，在沈阳细河源头城市段近 2 km 河道内，建设占水域面积为 1 000 m^2 的组合生物浮岛，种植水生植物 10 万株，水面覆盖率为 3%。

②针对水质/水量季节差异大、外源污染长期存在、河边有闲置土地的典型重污染支流，通过傍河塘和湿地组合生态净化技术的应用，在沈阳细河中游建设占地 8 000 m^2、年处理能力为 10 万 m^3 的傍河塘和湿地净化系统。系统包含藻类塘、水生植物塘、人工湿地和景观塘。

③针对北方地区河水浊度高、污染严重的典型城市河流，通过絮凝沉淀与人工湿地集成技术的应用，在抚顺海新河建成一座日处理能力为 6 万 t 的一级污水装置和一块占地 4.6 万 m^2 的人工湿地，湿地栽植芦苇、蒲草、茭白等水生植物。

相应的技术路线如图 6-7 和图 6-8 所示。

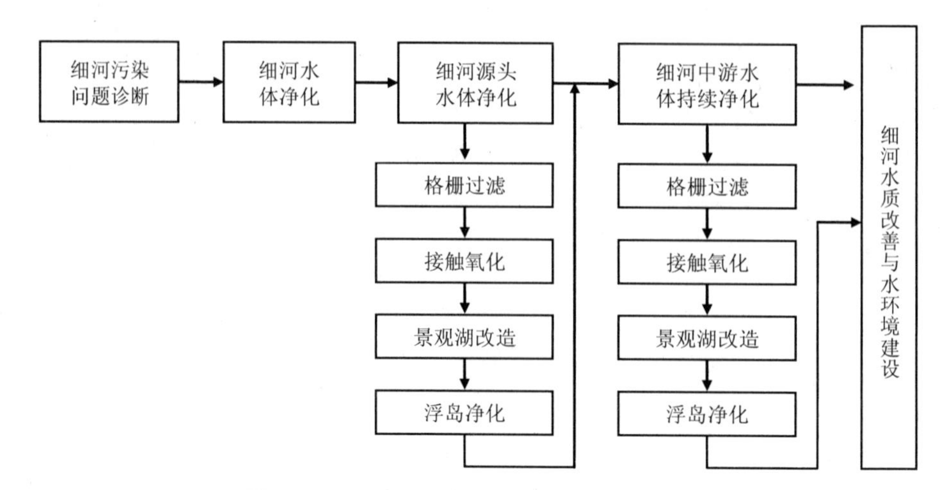

图 6-7　河流水质改善与水环境建设工艺流程

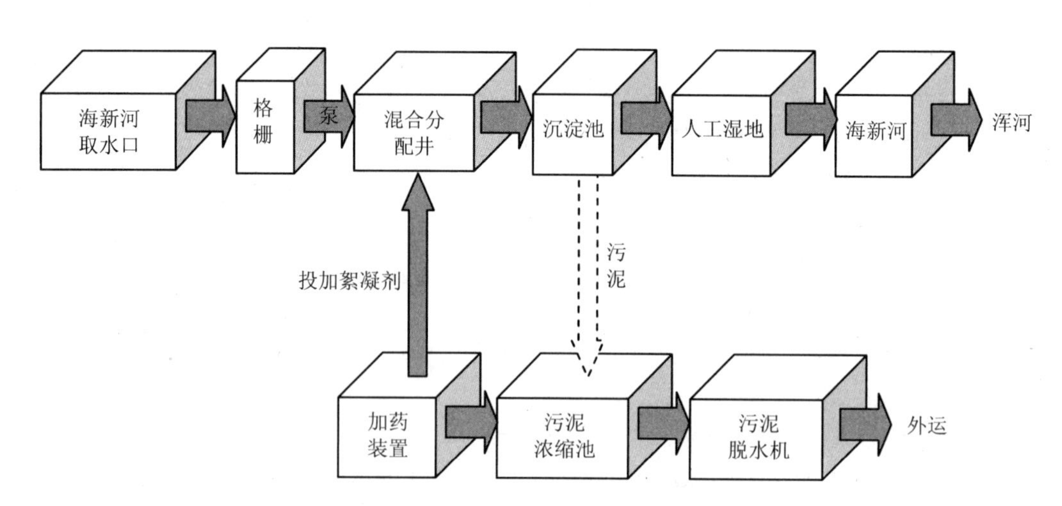

图 6-8　城市河道和城市综合废水治理示范工艺流程

第 7 章　辽河流域水污染治理技术评估软件

7.1　技术评估软件框架设计

对于工业废水来说，不同的工业废水具有不同的特点，因此，在处理工业废水时选择合适的处理技术对企业来说至关重要。但由于可供企业选择的处理工艺较多，在选择过程中又需考虑技术、效益、经济等因素，涉及较多的数学知识，计算量较大；而且在选择过程中又不可避免地会涉及人为因素，更为企业选择废水处理工艺增加了难度。因此，利用计算机技术建立工业废水处理技术评估软件系统有重要的应用价值。

7.1.1　系统目标

该评估软件系统的总目标是以作者改进过的灰色综合评价+模糊综合评判法为核心评价法，建立符合国家现行政策，适合辽河流域典型工业特点，数据输入、输出界面清晰直观，操作简便实用的应用软件。具体目标如下：

①建立灰色综合评价+模糊综合评判法、层次分析法等不同评价方法的模型，实现废水处理技术评价功能，评价结果直观、有效；

②建立评价指标库，库中的评价指标可根据不同废水处理技术的实际情况进行增加、删除和更新；

③建立处理工艺数据库，方便用户随时查询各种工业废水的处理工艺；

④提供报表功能，用户可将评价结果和数据以 Microsoft Word、Microsoft Excel 等形式输出，方便用户对评价结果和数据进行二次利用；

⑤提供帮助功能，使用户可在短时间内掌握软件的使用方法。

7.1.2　系统设计思想

本软件是在大量调查研究的基础上，借鉴众多现有评价系统软件的优点与不足，针对辽河流域典型工业废水的特点，采用先进的软件设计技术开发而成的。

（1）模块化设计

将评价软件分为若干个相对独立的模块，每个模块承担不同的功能。采用模块化设计原理可以使软件的结构清晰，不仅设计方便，而且更容易理解和阅读，同时也方便对软件进行调试，有助于提高软件的可靠性和可维护性。

（2）数据库技术

针对评价过程中使用信息量大的特点，软件采用数据库形式来管理各类数据。既有利于数据的修改与维护，又方便用户的查询与分析，同时为不同程序之间实现数据共享奠定了基础。

（3）可视化编程技术

本软件采用 Visual Studio C#可视化编程语言进行编写，具有贴近用户的图形操作界面，实现所见即所得的设计意图，采用 Windows 风格的界面，提供了良好的全中文人机交互。

（4）开放性设计

在开发软件时考虑到用户将来有对软件进行修改的需要，采用了开放性的设计风格，用户只需添加新模块或修改现有的相应模块即可实现对软件的升级，而不需要重新编写软件的核心程序。

7.1.3 系统结构

辽河水专项技术评估软件由四个子系统组成，即人机对话系统、模型库系统、数据库系统以及知识库系统，如图 7-1 所示。

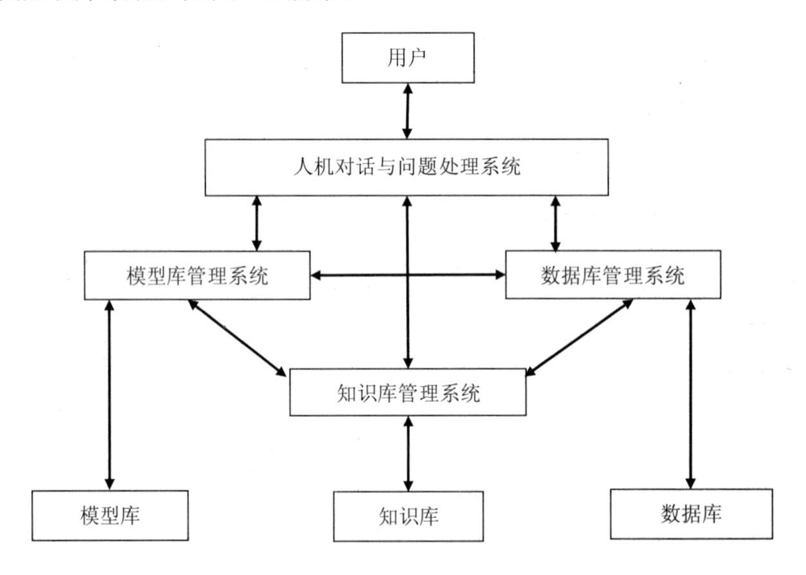

图 7-1 技术评估系统结构

（1）人机对话系统

人机对话系统是用户与技术评价软件之间的桥梁，在用户、模型库和数据库之间传送数据和命令方面起着重要作用。技术评价软件以用户为中心，操作简便，界面友好，可为用户提供以下功能：

❖ 查询功能，用户可以在输入数据前查询所要使用的评价方法的相关信息；
❖ 用户可以根据系统提示将信息输入系统中，如使用的评价方法、评价方法所需数据等均可通过人机对话方式输入；

❖ 系统能够对用户输入的命令、数据进行必要的正确性、合理性及有效性的检验；

❖ 能够显示、打印评价结果，并附有必要的说明；

❖ 具有帮助功能，为用户提供帮助及使用指南，使用户可以快速掌握软件的使用方法。

（2）模型库系统

模型库系统在辽河水专项技术评估软件中占有重要地位。

模型库系统的主要功能是通过人机交互语言，用户可以方便地使用模型库系统中的各种评价方法模型对废水处理技术进行评价。本软件的模型库系统主要提供灰色综合评价+模糊综合评价法、层次分析法、灰色综合评价法、模糊综合评价法、费用效益分析法等几种常见的废水处理技术评价方法模型，用户可以根据实际需要，选择不同的评价方法对废水处理技术进行综合评价。

模型库系统还提供模型的修改、更新、添加等功能，使技术评估软件系统随着用户的需求可以及时更新。

（3）数据库系统

评价过程不仅需要评价方法模型，还需要用户所提供的指标数据。而这些数据就存储在数据库系统中。

数据库系统是由数据库和数据库管理系统两部分组成的具有高度组织性的整体。数据库是以一定的方式存储在一起的数据的集合，它能以最佳的方式和最少的数据重复为用户服务，数据的存储方式独立于使用它的应用程序；数据库管理系统的主要功能是管理和维护数据库的正常活动，接收并回复用户提出的访问数据库的各种应用请求，如用户要求从数据库中检索信息等。

数据库系统具有如下几个特点：

❖ 技术评估软件中的数据库可以根据不同类型用户对评价过程中所需数据的不同要求对数据进行存储，而数据库管理系统则能够根据不同评价方法的需要，将相关的数据组织起来提供给用户；

❖ 技术评估软件的人机界面会按照大多数用户的使用要求，建立方便、简洁的界面，使用户不必发生因需要使用大量数据而引起操作错误。

（4）知识库系统

通过知识库系统，用户可以了解到典型工业废水处理工艺的介绍和主要流程，还可以通过知识库系统了解各种技术评价方法的主要评价步骤与主要评价指标，为用户在挑选评价方法时提供指南。

7.1.4 界面设计

系统界面的设计原则是操作界面友好、简单易学、以用户为中心实现人机对话。软件全部采用 Windows 标准界面，具有友好的提示功能，可以帮助用户正确地操作软件。

考虑软件的使用者为不同层次的用户，为避免用户对评价方法不熟悉而导致软件使用错误，本系统采用动态链接方式，将用户的操作进行规范化处理，即用户只有在完全完成上一步的操作后，才能进行下一步的操作。同时，为进一步增加软件系统的实用性和正确性，系统添加了自动错误识别功能，当用户某一步操作有误或不符合系统要求时，系统会自动提示错误信息，要求用户重新操作。这样就可以有效地避免因错误操作而引发的意外事件。

7.2 技术评估系统关键技术

7.2.1 Visual C#

微软公司是这样定义 C#的："C#是一种简单的、类型安全的、现代的、由 C 和 C++衍生而来的面向对象的编程语言。C#的目的就是要综合 C++的行动力和 Visual Basic 的高生产率。它不但提供了面向对象编程的技术，而且还提供了面向组件编程的支持技术。"[55]

C#语法简单易学、表现力强。通常，开发人员通过很短的时间就能够学会使用 C#语言开发高效的程序。C#提供了许多强大的功能，如可为空置（null）的值类型、枚举、委托和直接内存访问等。C#支持泛型类型和方法，进而提供了更为出色的类型性能。特别地，C#还提供了迭代器、语言集成查询（LINQ）表达式等高级功能，使得开发人员可以在 C#代码中创建具有查询功能的程序代码。

C#程序必须在.NET Framework 上运行。.NET Framework 是运行于 Windows 操作系统之上的，一个支持构建、部署、运行下一代应用程序和 Web 服务的完整 Windows 组件。.NET Framework 能够提供基于标准的多语言（如 C#、VB.NET、C++等）的、效率极高的开发环境，能够将现有的应用程序与下一代应用程序集成，并能迅速地部署和操作 Internet 规模的应用程序。.NET Framework 主要包括两个组件：公共语言运行库（Common Language Runtime， CLR）和.NET Framework 类库（Class Library）。

C#应用程序分为两类：控制台（Console）应用程序和 Windows 窗体应用程序。控制台应用程序的界面往往比较简单，而 Windows 窗体应用程序能够提供丰富的图形界面。

C#语言具有如下特点：[56]

（1）简单、安全

C#语言不支持指针，一切对内存的访问都必须通过引用对象的变量来实现。C#只能访问内存中允许访问的部分，这样可以防止病毒程序使用非法指针访问私有成员，也可以避免因指针的误操作产生的错误。CLR 执行中间语言代码前，要对中间语言代码的安全性、完整性进行验证，防止病毒对中间语言代码的修改。

（2）面向对象

C#语言是完全面向对象的，在 C#中不再存在全局函数和全局变量，所有的函数、变量和常量都必须定义在类中，这样就避免了命名冲突。C#支持所有关键的面向对象的概念，例如，封装、多态性和继承。C#只允许单继承，即一个类不会有多个基类，从而避免了类型定义的混乱。

（3）快速应用开发功能

C#的快速应用开发功能主要表现在它支持委托、垃圾自动收集、泛型等特征上。其中委托功能可以让程序员不经过内部类就调用函数；垃圾自动收集机制则可以减轻开发人员对内存的管理负担；而泛型可以写出像 C++模板一样的通用模板。利用 C#的这些功能，可以使开发者通过较少的代码来实现更加强大的应用程序，并且能够更好地避免这些错误的发生，从而缩短了应用系统的开发周期。

（4）与 Web 的紧密结合

C#不仅拥有强大的内部 Web 服务器组件，而且允许开发人员随意地编写属于自己的 Web 服务器组件，轻松地使用 C#内部的类来操作 XML。

（5）跨平台支持

跨平台支持可以使客户在不同类型的客户机上运行 C#程序的客户端，包括 PDA、手机等非 PC 设备。

（6）版本控制

C#支持版本控制。有了这种支持，开发人员就可以确保当自己的类库升级时，仍保留对已存在的客户应用程序的二进制兼容。

7.2.2 Visual Studio 操作平台

Visual Studio 是微软公司推出的开发环境，是目前应用最广泛的 Windows 平台应用程序开发环境。目前已开发到 11.0 版本，即 Visual Studio 2012。

Visual Studio 可以用来创建 Windows 平台下的 Windows 应用程序和网络应用程序，也可以用来创建网络服务、智能设备应用程序和 Office 插件。Visual Studio 是一套完整的开发工具集，用于生成 ASP.NET Web 应用程序、XML Web Services、桌面应用程序和移动应用程序[57]。Visual Basic、Visual C++、Visual C# 和 Visual J# 全都使用相同的集成开发环境（IDE），利用此 IDE 可以共享工具且有助于创建混合语言解决方案。另外，这些语言利用了.NET Framework 的功能，通过此框架可使用简化的 ASP Web 应用程序和 XML Web Services 开发的关键技术。

7.2.3 可视化编程技术

可视化编程，即可视化程序设计：以“所见即所得”的编程思想为原则，力图实现编程工作的可视化，即随时可以看到结果，程序与结果的调整同步[58]。

可视化编程是与传统的编程方式相对比而言的，这里的“可视”，指的是无须编程，仅通过直观的操作方式即可完成界面的设计工作，是目前最好的 Windows 应用程序开发工具。

可视化编程语言的特点主要表现在两个方面：一是基于面向对象的思想，引入了控件的概念和事件驱动；二是程序开发过程一般遵循以下步骤，即先进行界面的绘制工作，再基于事件编写程序代码，以响应鼠标、键盘的各种动作。

可视化程序设计最大的优点是设计人员可以不用编写或只需编写很少的程序代码，就能完成应用程序的设计，这样可以极大地提高设计人员的工作效率。

本软件采用 Visual Studio C#编程，具有贴近用户的图形操作界面，实现所见即所得的设计意图，采用 Windows 风格的界面，提供了良好的全中文人机交互。

7.2.4 Access 数据库

Access 是 Office 系列软件之一，它的主要功能是管理数据库。Access 应用软件是一种使用方便且功能强大的关系型数据库管理系统，也被称为关系型数据库管理软件。Access 应用软件提供了表、报表、窗体、查询、宏、模块和页 7 种用来建立数据系统的对象，同时 Access 应用软件还提供了多种向导和生成器，将数据查询、数据存储、生成报表、界面设计等操作规范化[59]。Access 应用软件为建立功能完善的数据库管理系统提供了方便，同时使普通用户不用编写代码，就可以完成大部分数据管理的任务。

（1）Access 数据库对象简介

Access 应用软件拥有 7 种用来建立数据系统的对象，分别为：表、窗体、宏、模块、查询、报表和页。

- ❖ 表。表是进行增删、修改数据库信息的地方。Access 应用软件为用户提供表格建立向导，只要按照表格建立向导的提示即可轻松完成表格的建立过程。
- ❖ 窗体。窗体是输入数据信息的界面，通过窗体可以向一个表或多个表中输入数据信息。使用者只需按照窗体向导的步骤即可建立所需窗体并向窗体输入信息。
- ❖ 宏。宏可以使某些需要连续执行多个指令的任务通过一条指令自动完成。宏包含一个操作序列，由若干个宏的集合所组成的宏称为宏组。宏或宏组的执行可以用一个条件表达式是否成立予以控制。
- ❖ 模块。设置模块的过程就是使用 VBA（Visual Basic For Application）编写程序的过程。在 Access 数据库中，VBA 有两种基本类型：标准模块和类模块。
- ❖ 查询。通过查询功能可以查询到 Access 数据库中所有项目、成果的数据和对所有项目、成果进行综合统计分析的结果。
- ❖ 报表。报表是对数据进行查询、分析、统计后输出结果的载体。
- ❖ 利用数据库访问“页”对象生成 HTML 文件，轻松构建 Internet/Intranet 的应用。

（2）Access 的优点

- ❖ 存储方式简单。Access 管理的对象有表、报表、窗体、查询、宏和模块，这些对象都存放在后缀为“.mdb”的数据库文件中，便于用户管理。
- ❖ 面向对象的设计思想。Access 是一个面向对象的开发工具，以面向对象的方式将数据库中的各种功能对象化，并将数据库中的各种功能封装在各类对象中。在 Access 中，一个应用系统被当做是由一系列对象组成的，为了定义每个对象的行为和外观，Access 为每个对象都定义了一组方法和属性，用户还可以按需要扩展对象的方法和属性，这样可以极大地简化用户的开发工作，也可以简化开发程序。

❖ 界面友好、操作简便。Access 是一个可视化工具，风格与 Windows 一样，用户只需使用鼠标进行拖放即可生成所需的对象并使之应用，非常直观、方便。Access 还提供了表生成器、报表设计器、查询生成器以及数据库向导、表向导、窗体向导、查询向导、报表向导等工具，操作简便，方便用户使用和掌握。
❖ 集成高效的开发环境。Access 是基于 Windows 操作系统下的集成开发环境，该环境集成了各种生成器工具和向导，例如表格（Tables）、报表（Reports）、窗体（Forms）、宏（Macros）、模块（Modules）和查询（Queries）等操作，使得表的创建、数据库的建立、用户界面的设计、数据查询等工作能够方便、有序地进行，极大地提高了开发者的工作效率。
❖ 数据库的访问和系统的扩展性。Access 支持 ODBC（开发数据库互连），利用 Access 强大的 DDE（动态数据交换）和 OLE（对象的连接和嵌入）特性，可以在一个数据表中嵌入 Excel 表格、位图、声音、Word 文档，还可以建立动态的数据库报表和窗体等。Access 还可以将程序应用于网络，并与网络上的动态数据库相连。利用数据库访问“页”对象生成 HTML 文件，轻松构建 Internet/Intranet 的应用。

（3）Access 的缺点

Access 数据库是一种小型数据库，有它特有的局限性，当出现以下几种情况时，Access 数据库基本上会“吃不消”：

❖ 数据库过大，一般当 Access 数据库达到 50M 左右时，Access 数据库性能会急剧下降；
❖ 网站访问频繁，一般当 100 人同时访问网站时，Access 数据库性能会急剧下降；
❖ 记录数过多，一般 10 万条左右的记录会使 Access 数据库性能急剧下降。

7.2.5 ADO.NET

ADO 是 ActiveX Data Objects 的缩写，ADO.NET 是数据库应用程序和数据源之间沟通的桥梁，主要提供一个面向对象的数据存取架构，用户可以通过它来开发数据库应用程序[60]。

ADO.NET 是一种全新的数据访问编程模型，它提供了一组运行命令，用来连接数据库和返回数据集的类库，从而提高了程序的交互性和可扩展性，尤其适用于分布式和 Internet 等大型应用程序环境。ADO.NET 最大的特点就是使用 DataSet（数据集）代替了原来的 RecordSet（记录集），提高了对数据处理的灵活性。

ADO.NET 的体系结构见图 7-2。从图中可以看出它有两个核心组件：DataSet 和.NET 数据提供程序[61]。

ADO.NET 的架构可以分为两个基本类别：连接的和非连接的[62]。通常，ADO.NET 中的类都可分为连接的和非连接的对象，如图 7-3 所示。

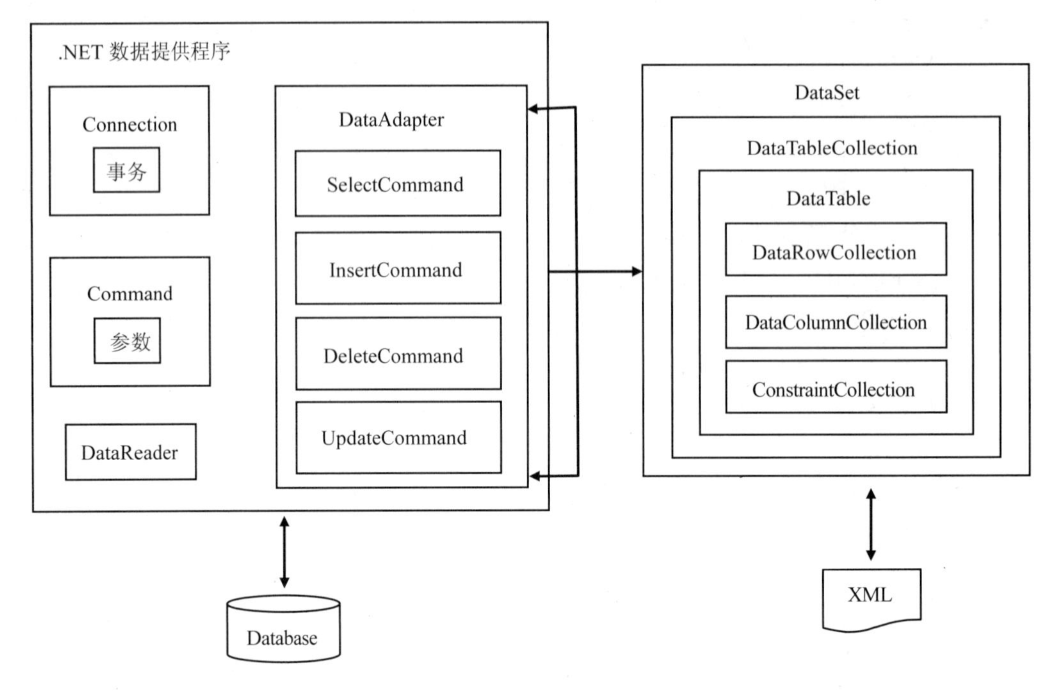

图 7-2 ADO.NET 体系结构

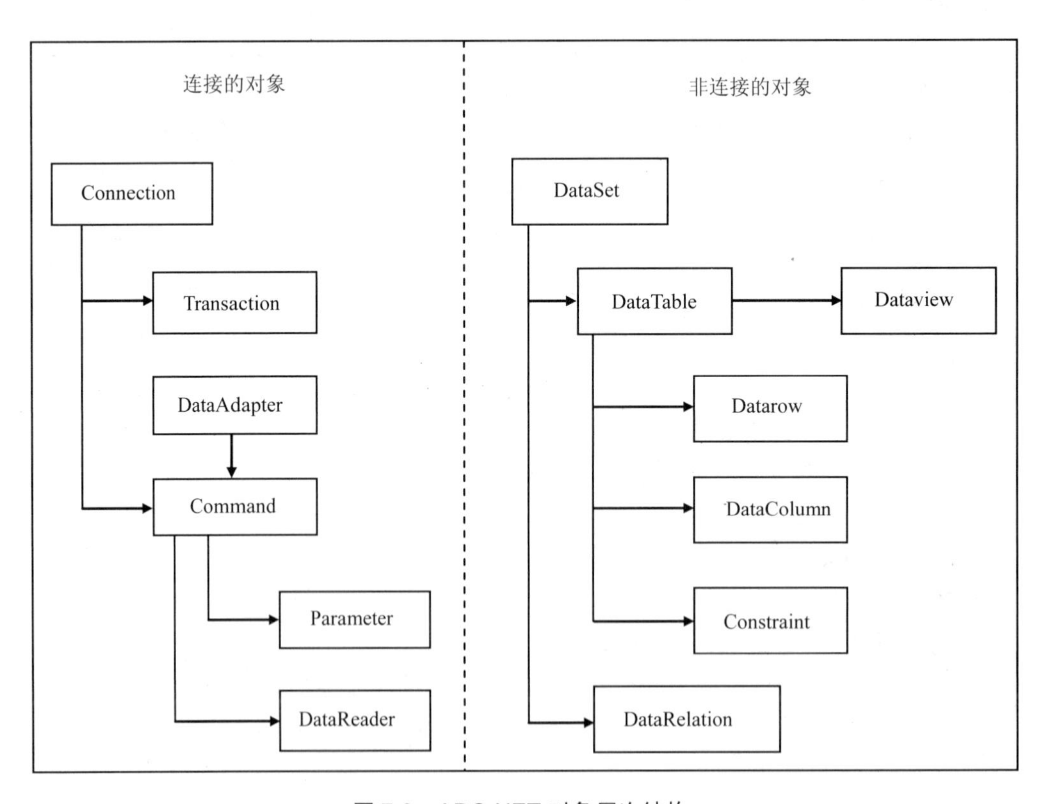

图 7-3 ADO.NET 对象层次结构

（1）连接对象

面向连接的部分是那些在与数据源交互时必须要有打开的可用连接的对象。在 ADO.NET 中面向连接的部分主要包括如下对象：

❖ Connection 对象。

ADO.NET 的 Connection 对象用于连接数据库，它代表数据库和用户之间的实际连接。这个对象中包含用于打开和关闭连接的方法，并且还包含描述当前连接状态的属性。

❖ DataAdapter 对象。

ADO.NET 的 DataAdapter 对象是连接数据源和 DataSet 之间的“电线”，它可以确保 DataSet 对象、Connection 对象和 Command 对象既协同工作，又相互分离。DataAdapter 对象包含 4 个预先配置好的 Command 实例，即 SelectCommand、InsertCommand、DeleteCommand、UpdateCommand。

❖ Command 对象。

Command 对象是 ADO.NET 的一个重要对象，在 ADO.NET 中，通过它可以完成对数据库的操作，连接好数据库后，就可以对数据源执行一些命令操作。Command 对象还可以执行多种不同类型的查询。

❖ Parameter 对象。

Parameter 对象表示命令需要接收的参数。这使得命令可以更加灵活，只需接收输入值就能执行相应的操作。这些参数可以是存储过程中的输入、输出值，也可以是传递给 SQL 查询的“？”参数，或者是传递给动态查询的简单的命名参数等。

❖ DataReader 对象。

该对象仅仅从数据库返回一个只读的、仅向前的数据流，而且在当前内存中，每次仅能存储一条记录。DataReader 对象适用于运行完一条命令仅需返回一个简单的只读记录集的情况。

（2）非连接对象

非连接对象与连接对象的不同之处在于使用了一种不同的方法而已。通常，ADO.NET 非连接模型需要用到如下对象：

❖ DataSet 对象。

DataSet 是 ADO.NET 的核心，可以将 DataSet 对象视为许多 DataTable 对象的容器。通常 DataSet 包含数据行、数据列、数据表以及各种表之间的关系等。所有这些信息都是以 XML 的形式存在，可以搜索、处理任意或者全部的数据。对于从不同数据来源取得的数据 DataSet 运用相同的方式来进行操作，不管底层的数据库是 SQL Server 还是其他数据库，DataSet 的方式都是一致的。存储在 DataSet 对象中的数据未与数据库连接，对数据所做的任何更改都只将缓存在 DataRow 之中。DataSet 中的信息改动之后，必须求助于 DataAdapter，将 DataSet“插入”到数据库中，并把更新后的数据传递到数据源上。

❖ DataTable 对象。

DataTable 定义在 System.Data 中，它代表内存中的一张表（Table）。它包含一个称为 ColumnsCollection 的对象，代表数据表中各个列的定义。DataTable 也包含一个

RowsCollection 对象，这个对象含有 DataTable 中的所有数据。DataTable 中保存着数据的状态，通过查询当前的 DataTable 状态，就可以知道数据是否被更新或者删除。

❖ DataRow 对象。

DataTable 的一个属性是 DataRowCollection 类型的 Row 属性，它表示一个可列举的 DataRow 对象的集合。当数据填充到 DataTable 时，DataRowCollection 就获取一个新的 DataRow 对象，同时系统会自动将其添加到自身中。在数据库中与 DataRow 最为贴切的逻辑对应就是数据表中的行。

❖ DataColumn 对象。

DataTable 包含一个 DataColumnCollection 类型的 Column 属性。本质上表示一个 DataTable 结构。在数据库中与 DataColumn 对象最为贴切的逻辑对应就是数据库中给定的数据表的单个列。

❖ DataView 对象。

DataView 的主要功能是返回数据表的默认视图表，此默认视图表就是一个 DataView 对象，可用来设置 DataTable 对象中的数据显示方式，排序或筛选数据。所以，DataView 对象与 DataTable 对象是相关联的。可以使用多个 DataView 对象同时查看同一个 DataTable 对象。它的优点就是不必以不同结构方式保留同一组数据的两份副本。

❖ DataRelation 对象。

DataSet 就像数据库一样，可以包含多个相互关联的表。DataRelation 对象可以让用户编辑不同数据表之间的关系，这样就能实现跨数据表之间的数据验证，并在多个 DataTable 之间浏览父行和子行间的数据。

（3）ADO.NET 数据存取原理

ADO.NET 可以通过定义编程模型来实现其全部功能。编程模型带来对象模型，对象拥有能执行对数据进行操作的“方法”和表示数据某些特性或控制某些对象方法行为的“属性”。通过与对象关联的“事件”，可以查询到某些操作已经发生或将要发生。ADO.NET 连接数据库一般可采用以下步骤：

❖ 根据使用的数据源，确定使用的.NET FRAME WORK 数据提供程序；
❖ 建立与数据源的连接，使用 Connection 对象；
❖ 把连接字符串赋值给 Connection 对象的 ConnectionString 属性；
❖ 调用 Connection 对象的 Open 方法以打开连接；
❖ 连接使用完毕后用 Close 方法以关闭连接。

（4）应用 ADO.NET 访问数据库

利用 ADO.NET 技术实现数据访问的一般过程为（图 7-4）：

❖ 创建 Connection 对象，连接数据库；
❖ 创建 Command 对象，执行 SQL 命令；
❖ 创建 DataAdapter 对象，支持数据源和数据集之间的数据交换；
❖ 创建 DataSet 对象，将数据源中所取得的数据保存到内存中，并对数据进行各种操作。

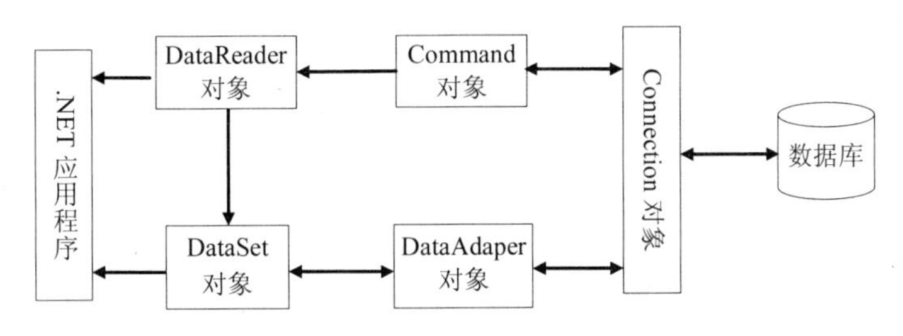

图 7-4　应用 ADO.NET 访问数据库

7.2.6　C#操作 Word 技术

Word 是全世界使用范围最广的文字处理系统。虽然许多应用程序开发工具都有其自身的报表生成系统，但采用 Word 作为应用程序的报表输出工具却具有许多不可替代的优点。

- ❖ 可以生成图、文、表并茂的文档；
- ❖ 可以生成更为复杂的报表，包括多层次嵌套表格、斜线表格等；
- ❖ 用户可以定制和修改文档模板；
- ❖ 用户可以对生成的文档做进一步的加工；
- ❖ 用户可以对生成的文档进行转储和发布。

可见，用 Word 作为应用程序的报表输出工具可以进一步扩展应用程序的功能，提高系统数据资料的利用率和可共享性，便于用户对所生成的报表或文档进行二次加工和重复使用，这是那些应用程序开发工具自带的报表生成系统所不可比拟的。

自动生成 Word 文档报告功能是办公自动化系统中的重要组成部分。本软件将采用调用.Net 组件实现 C#. Net 对 Word 的控制技术，将软件窗口中的文字部分和表格部分分别插入到 Word 报告中[63]。

（1）Word 文档

C#中若要使用 Word 文档，第一步要定义一个 Word 应用，其格式是

Word．Application mywordapp=flew Word．Application（）;

第二步是要定义一个 Word 文档，应用语句为

Word．Document newdoc= new Word．Document（）;

第三步是定义一个对象用于记录文件名（包含文件所在的路径），对其进行初始化，并利用系统提供的文件函数判断其是否存在，如存在则利用系统函数将其删除，定义一对象，用于记录文件名（包含文件所在的路径）将对象初始化。

objectwfilename=System．Windows．Forms．Application．StartupPath+“示例．doc”;

建立 Word 文档，在建立之前需先定义一个对象用于 Word 文档建立时的参数传递

Object Nothing=System．Reflection．Missing．Value;

最后通过 Word 应用建立一个指定路径的 Word 文档。

newdoc=mywordapp. Documents. Add（ref Nothing，ref Nothing，ref Nothing，ref Nothing）;

（2）表格操作

评估计算结果大多以表格形式输出。编程中涉及的表格操作包括创建表格、设置表

格和单元格属性、单元格内容填充及合并单元格。

①创建表格。

```
Word.Table newTable = WordDoc.Tables.Add（WordApp.Selection.Range，m，n，ref Nothing，ref Nothing）;
```

其中 m 为生成表格所需行数，n 为列数。

②设置表格和单元格属性。

```
newTable.Borders.OutsideLineStyle = Word.WdLineStyle.wdLineStyleThickThinLargeGap;
newTable.Borders.InsideLineStyle = Word.WdLineStyle.wdLineStyleSingle;
newTable.Columns[1].Width = 100f;
newTable.Columns[2].Width = 220f;
newTable.Columns[3].Width = 105f;
```

③单元格内容填充。

```
newTable.Cell（1，2）.Range.Text = "水处理技术方案";
newTable.Cell（2，1）.Range.Text = "方案 A ";
newTable.Cell（2，1）.Range.Text = "方案 B ";
newTable.Cell（2，1）.Range.Text = "方案 C";
newTable.Cell（2，1）.Range.Text = "污染物 A";
newTable.Cell（2，1）.Range.Text = "污染物 B";
```

④合并单元格并设置水平及垂直居中。

```
newTable.Cell（1，2）.Merge（newTable.Cell（1，4））;
newTable.Cell（1，1）.Merge（newTable.Cell（2，1））;
WordApp.Selection.Cells.VerticalAlignment =
Word.WdCellVerticalAlignment.wdCellAlignVerticalCenter;
WordApp.Selection.ParagraphFormat.Alignment =
Word.WdParagraphAlignment.wdAlignParagraphCenter;
```

如①②③④中所示代码，生成 Word 表格如表 7-1 所示（①中 m=4，n=5）。

表 7-1　示例代码生成表格

	水处理技术方案		
	方案 A	方案 B	方案 C
污染物 A	—	—	—
污染物 B	—	—	—

⑤Word 文档内容在 richTextBox 的显示。评估方法介绍查询等功能中的窗体显示功能，是将评价方法、工艺介绍及计算结果的 Word 文档内容在 richTextBox 控件中粘贴，并在其中显示。使用 richTextBox 显示查询内容，可增加软件界面灵活性，方便用户删改和复制（图 7-5）。应用此方法更能轻松地解决复杂公式的显示问题。

```
object oMissing = System.Reflection.Missing.Value;
Word._Application oWord;
Word._Document oDoc;
oWord = new Word.Application();
oWord.Visible = false;

object fileName = System.Windows.Forms.Application.StartupPath + "\\理论模型byLC\\灰色.doc";
oDoc = oWord.Documents.Open(ref fileName,
ref oMissing, ref oMissing, ref oMissing, ref oMissing, ref oMissing,
ref oMissing, ref oMissing, ref oMissing, ref oMissing, ref oMissing,
ref oMissing, ref oMissing, ref oMissing, ref oMissing, ref oMissing);

oWord.Selection.WholeStory();
oWord.Selection.Copy();
oWord.Selection.PasteAndFormat(Microsoft.Office.Interop.Word.WdRecoveryType.wdPasteDefault);
richTextBox1.Paste();
oDoc.Close(ref oMissing, ref oMissing, ref oMissing);
oWord.Quit(ref oMissing, ref oMissing, ref oMissing);
```

图 7-5　Word 文档内容在 richTextBox 的显示功能实现代码

7.2.7　C#操作 Excel 技术

Microsoft Excel 是微软公司的一种办公自动化软件，主要用来处理电子表格。Microsoft Excel 以其界面友好、功能强大等优点受到了许多用户的欢迎。在设计应用系统时，不同用户的打印要求是不一样的。如果程序中的打印功能要适用于每一个用户，可以想象程序设计工作是十分繁重的。由于 Excel 表格拥有强大的功能，如果将程序处理后的结果放到 Excel 表格中，那么用户就可以根据自己的需要在 Excel 中定制自己的打印格式。这样不仅可以简化程序的设计工作，而且又满足了诸多用户的要求，因而在 Visual C#的编程中实现对 Excel 的操作具有很好的实用性。

本软件在 Visual C#编程中加入操作 Excel 及 Word 技术，可按用户习惯或需求选择报表生成方式，从而更加方便用户查询和保存评估结果。

（1）建立 Excel 表格

建立 Excel 表格首先要调用 Excel 的.Net 组件，调用后输入实现代码如下：

引用 Excel 对象

Excel．Application excel=new Exce1．Application（）;

引用 Excel 工作

Excel．Application．Workbooks．Add（true）;

使 Excel 可视

Exce1．Visible=true;

（2）填充 Excel 表格

在命名空间“Excel”中，还定义了一个类“Cell”，这个类所代表的就是 Excel 表格的一个单元格。通过给“Cell”赋值，从而实现往 Excel 表格中输入相应的数据。下列代码功能是打开 Excel 表格，并且往表格输入一些数据。

```
Excel．Application excel=new Excel．Application（）;
Excel．Application．Workbooks．Add（true）;
Excel．Cells[1，1]= “First Row First Column”;
Excel．Cells[1，2]= “First Row Second Column”;
Excel．Cells[2，1]= “Second Row First Column”;
Excel．Cells[2，2]= “Second Row Second Column”;
Excel．Visible=true;
```

7.2.8 DataGridView 控件应用技术

DataGridView 控件弥补了.NET Framework 的最初两个版本(.NET 1.0 和.NET 1.1)中 DataGrid 控件的控制效能的不足。DataGridView 控件配合 Binding Navagator 和 BindingSource 数据组件的使用，使用户能够直观方便地进行记录的定位、增加、删除和保存数据。

（1）DataGridView 设置

在评估软件中收集技术数据信息和输入计算参数时，都应用了 DataGridView 控件，使用比较频繁。DataGridView 控件的设置和使用也是本软件的关键技术。

在实际应用中，DataGridView 控件需要能从各种角度、更方便地进行数据查看和维护，如提供固定任意列、更改列标题、按多列排序、设置列宽、显示或隐藏列等功能给用户，这就需要对其进行设置。

自定义列宽

```
this.dataGridView1.Columns[0].Width = 80;
this.dataGridView1.Columns[1].Width = 80;
```

设置表格线条风格

```
this.dataGridView1.GridColor = Color.BlueViolet;
this.dataGridView1.BorderStyle = BorderStyle.Fixed3D;
this.dataGridView1.CellBorderStyle=DataGridViewCellBorderStyle.None;
this.dataGridView1.RowHeadersBorderStyle=DataGridViewHeaderBorderStyle.Single;
this.dataGridView1.ColumnHeadersBorderStyle=DataGridViewHeaderBorderStyle.Single;
```

移去自动生成的列

```
dataGridView1.AutoGenerateColumns = true;
dataGridView1.DataSource = customerDataSet;
dataGridView1.Columns.Remove（"Fax"）;
```

Enter 键换行

```
if（keyData == Keys.Enter）
{System.Windows.Forms.SendKeys.Send（"{tab}"）;
```

return true；}

return base.ProcessCmdKey（ref msg，keyData）；

（2）与 dataset 绑定

设计时将 DataGridView 对象绑定到一个数据源，这样 Visual Studio 将可以读取数据源，并使用其中的数据填充列集合。本软件是将 DataGridView 与 dataset 绑定（图 7-6）。

```
table2.Clear();
table2.Colmns.Add("备选技术");
for(int i = 1; i <= tec; i ++)
   table2.Rows.Add("技术" + Convert. ToString((char)(i + 64)));
table2.Columns.Add("初投资      (万元)", typeof(double));
table2. Columns.Add("运行费用      (万元)", typeof(double));
table2. Columns.Add("设备使用寿命");
dataGridView2.DataSource = table2;
this.dataGridView2.Columns[0].Width = 65;
this.dataGridView2.Columns[1].Width = 78;
this.dataGridView2.Columns[2].Width = 89;
this.dataGridView2.Columns[3].Width = 70;
```

图 7-6　DataGridView 与 dataset 绑定及其部分设置代码

使用 DataGridView 控件，就要掌握 DataGridViewColumn 和 DataGridViewRows 对象的使用方法，这样就可以灵活应用这一控件。

7.3　技术评估软件评价功能的代码实现

7.3.1　设置评价指标

在进行技术评价前，需要为评价方法设置计算过程所需的评价指标。

table.Rows[0][0] = “COD 去除率”;

table.Rows[1][0] = “BOD 去除率”;

table.Rows[2][0] = “色度去除率”;

table.Rows[3][0] = “水可利用率”;

table.Rows[4][0] = “二次污染率”;

table.Rows[5][0] = “处理水量（万 t）”;

table.Rows[6][0] = “节约水量（万 t）”;

table.Rows[7][0] = “环境净化指数”;

table.Rows[8][0] = “水质净化指数”;

table.Rows[9][0] = “初投入（万元）”;

table.Rows[10][0] = "运行费用（万元）"；

table.Rows[11][0] = "年效益（万元）"；

7.3.2 数据的量纲一化处理

由于数据具有不同的量纲和单位，所以，评价前需要对原始数据进行量纲一化处理。

if（w[i]）

z[i，j] =（z[i，j]-z[i，y+2]）/（z[i，y+1]-z[i，y+2]）；

if（！w[i]）

z[i，j] =（z[i，y+1]-z[i，j]）/（z[i，y+1]-z[i，y+2]）；

7.3.3 关联系数和关联度的计算

（1）关联系数

for（int i=0；i<x；j++）

for（int j=0；j<y；j++）

{

w[i，j] = 0.5 * maxmax/（Math. Abs（z[i，y]-z[i，j]+0.5 * maxmax）；

}

（2）关联度

for（int i=0；i<x；i++）

{

w[i] = 0；

for（int j=0；j<y；j++）

w[i] += z[i，j]；

w[i]/= y；

}

7.3.4 权重的转换

将计算得到的关联度转化为评价方法中的权重，以替代人为打分得到的权重。

double sum = 0；

for（int i=0；i<x；i++）

{

sum += y[i]；

}

for（int i=0；i<x；i++）

{

z[i] = y[i]/sum；

}

7.3.5 综合评判

对数据进行一系列的处理后，得到数据的综合评判结果。

```
for（int i=0；i<x；i++）
for（int j=0；j<y；j++）
{
Q[i，j] = w[i] * z[i，j] * countCol；
}
for（int j=0；j<y；j++）
{
v[j]=0；
for（int i=0；i<x；i++）
v[j] += Q[i，j]；
}
```

7.4 技术评估软件功能演示

7.4.1 进入系统

启动程序，进入辽河水专项技术评估软件的主窗体[64]。由图 7-7 我们看出，主窗体提供文件、查询、信息收集和帮助四项菜单命令。点击文件菜单命令，选择新建菜单命令中的评价项目选项，即可进入技术评估系统的技术评价功能。

图 7-7　评价项目功能示意图

7.4.2 评价功能

评估计算及计算结果报表输出功能是软件的核心功能和开发此软件的主要目的。用户通过选择计算方法、参数及输入数据，即可得出评估结果，通过报表输出查看并保存评估数据。

在主页面中根据用户需要选择评价方法并输入该评价方法所需相关参数新建一个评价方案。在新建评价项目对话框中，用户首先需要根据废水处理工艺的特点选择合适的评价方法。辽河水专项技术评估软件提供了 5 种技术评价方法，分别为：灰色综合评价+模糊综合评判法、层次分析法、灰色综合评判法、模糊综合评判法和费用效益分析法（图 7-8）。

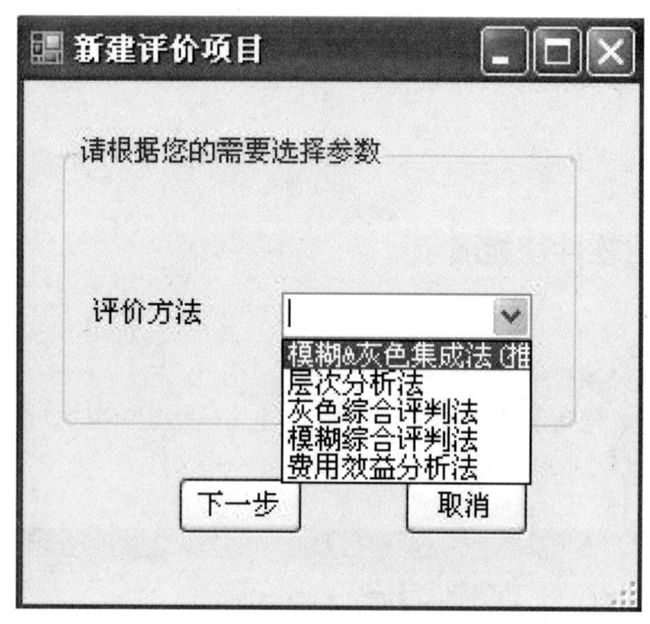

图 7-8 评价方法示意图

新建评价方案时还需要选择水质类型、评价方案个数、评价参数个数。水质类型分为造纸工业废水、冶金工业废水、啤酒工业废水、制药工业废水、印染工业废水、石化工业废水和其他共七种。如图 7-9（a）、（b）所示，用户需要选择处理技术所属的水质类型和评价方案数量。

选择结束后，点击下一步，进入参数数量界面。在参数数量选项的下拉菜单中有一项为默认参数，这是系统内置的，一共有 12 项评价指标，这些指标符合大部分用户对技术评价的要求（图 7-10）。当选择默认参数后，用户可以通过点击查看默认参数结构按钮来查看参数的具体组成。若用户需要其他的参数，也可自行设置参数个数，输入参数名称。

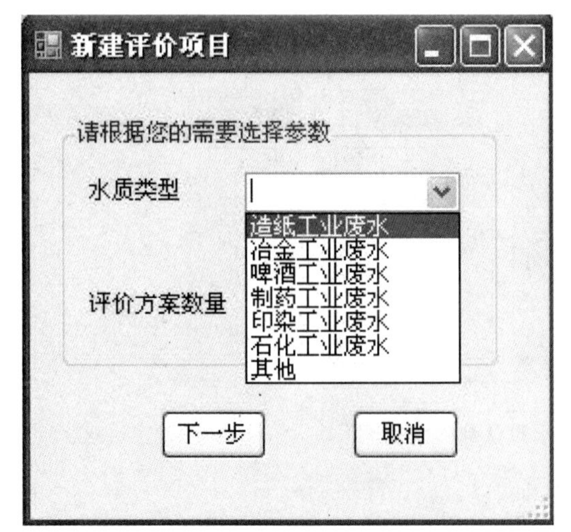

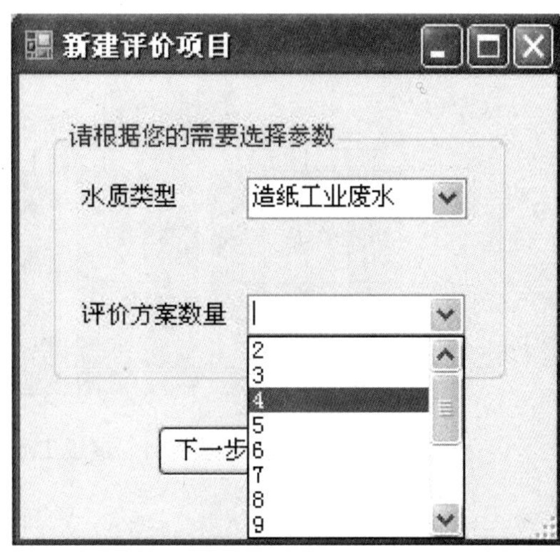

（a）水质类型及评价方案水质选择　　（b）评价参数选择

图 7-9　新建评价方案参数选择

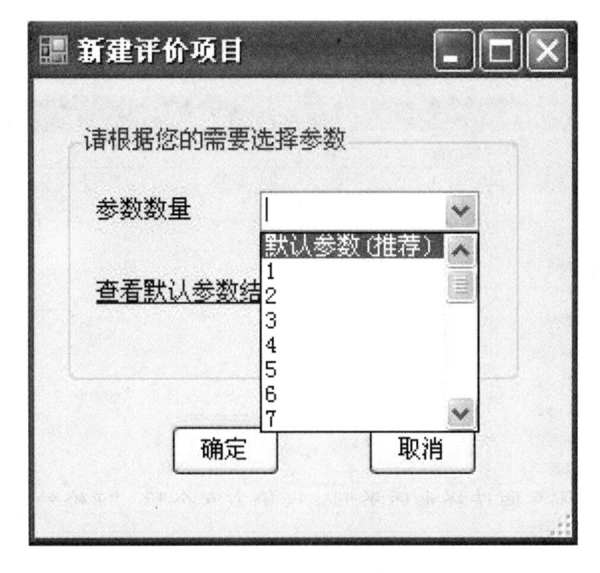

图 7-10　选择参数

图 7-11 为用户展示了评价指标的结构，按照传统评价准则，将工业废水处理技术的评价指标分解为三类：技术效益[COD 去除率（%）、BOD 去除率（%）、色度去除率（%）、水可利用率（%）、二次污染率（%）、处理水量（万 t）、节约水量（万 t）]、社会效益（环境净化指数、水质净化指数）和经济效益[初投入（万元）、运行费用（万元）、投资效益（万元）]。

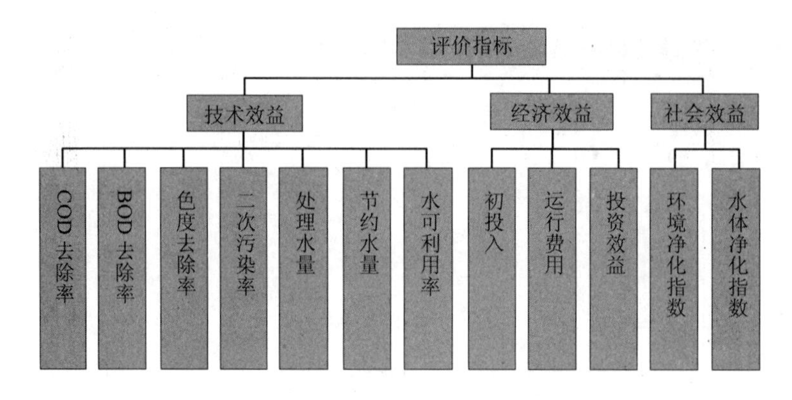

图 7-11 造纸工业废水默认参数结构图

（1）模糊 + 灰色集成法

选择完参数后，点击确认键，进入技术评价主界面，如图 7-12 所示。界面提供文件、示例数据、报表以及帮助四项菜单命令。

本方法为软件推荐方法，无须用户手动填入大量数据，只需输入所选的 *m* 个评价方案的 *n* 个参数数值，在软件经验证数据类型正确之后进行计算并给出计算结果，便可得出最佳可行性方案排序。

模糊综合评判法&灰色综合评判法的集成

文件(F) 示例数据(D) 报表(R) 帮助(H)

数值类型	参数	方案A	方案B	方案C	方案D
☐	COD去除率				
☐	BOD去除率				
☐	色度去除率				
☐	水可利用率				
☐	二次污染率				
☐	处理水量（万...				
☐	节约水量（万...				
☐	环境净化指数				
☐	水质净化指数				
☐	初投入（万元）				
☐	运行费用（万...				
☐	年效益（万元）				

注：数据类型一列选中√表示该参数数值大为优，不选中表示该参数数值小为优。 确定 退出程序

图 7-12 技术评价主界面

在示例数据菜单命令中，系统为用户提供一组参考数据，用户可以通过这组数据了解评价功能的具体使用方法（图 7-13）。在数值类型选项中，系统将这 12 项指标分为两种类型，指标前带“√”符号的表示该参数数值大为优，反之，则参数数值小为优。

模糊综合评判法&灰色综合评判法的集成

文件(F)　示例数据(D)　报表(R)　帮助(H)

数值类型	参数	方案A	方案B	方案C	方案D
☑	COD去除率	65	73	89	76
☑	BOD去除率	92	83	95	89
☑	色度去除率	93	95	90	96
☑	水可利用率	68	60	70	63
☐	二次污染率	30	40	38	25
☑	处理水量（万...	106	115	137	108
☑	节约水量（万...	95	105	89	97
☑	环境净化指数	1.32	1.76	1.66	1.48
☑	水质净化指数	1.61	1.25	1.89	1.13
☐	初投入（万元）	203	187	215	169
☐	运行费用（万...	29	11	36	21
☑	年效益（万元）	80	35	68	81

注：数据类型一列选中√表示该参数数值大为优，不选中表示该参数数值小为优。　确定　退出程序

图 7-13　示例数据

点击确认键即可得到评价结果，如图 7-14（a）所示。点击界面上的查看详情键可在软件界面上显示更加详细的评价结果，如图 7-14（b）所示。

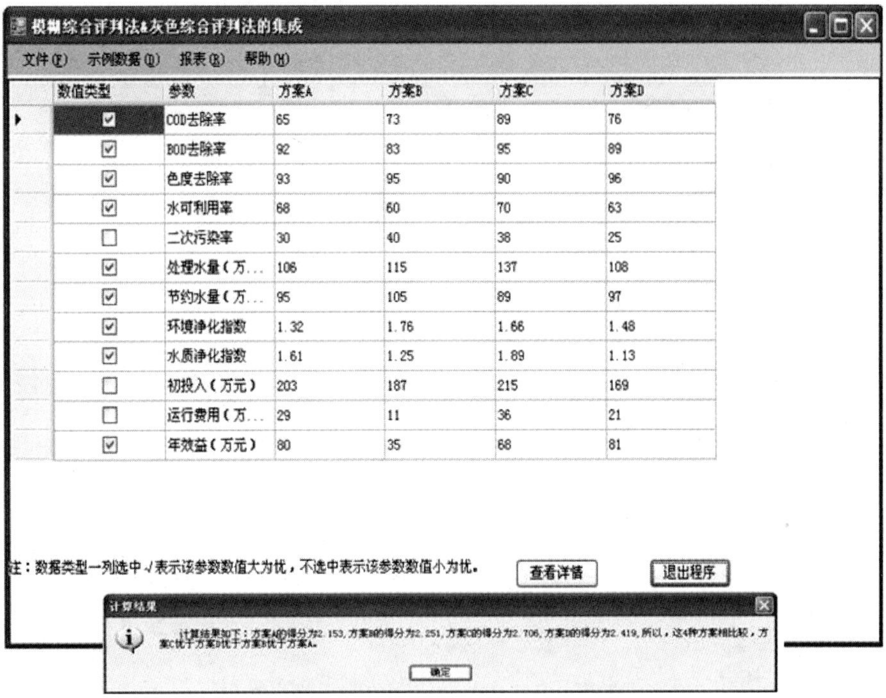

模糊综合评判法&灰色综合评判法的集成

文件(F)　示例数据(D)　报表(R)　帮助(H)

数值类型	参数	方案A	方案B	方案C	方案D
☑	COD去除率	65	73	89	76
☑	BOD去除率	92	83	95	89
☑	色度去除率	93	95	90	96
☑	水可利用率	68	60	70	63
☐	二次污染率	30	40	38	25
☑	处理水量（万...	106	115	137	108
☑	节约水量（万...	95	105	89	97
☑	环境净化指数	1.32	1.76	1.66	1.48
☑	水质净化指数	1.61	1.25	1.89	1.13
☐	初投入（万元）	203	187	215	169
☐	运行费用（万...	29	11	36	21
☑	年效益（万元）	80	35	68	81

注：数据类型一列选中√表示该参数数值大为优，不选中表示该参数数值小为优。　查看详情　退出程序

计算结果

计算结果如下：方案A的得分为2.153，方案B的得分为2.251，方案C的得分为2.706，方案D的得分为2.419，所以，这4种方案相比较，方案C优于方案D优于方案B优于方案A。

确定

（a）简单评价结果

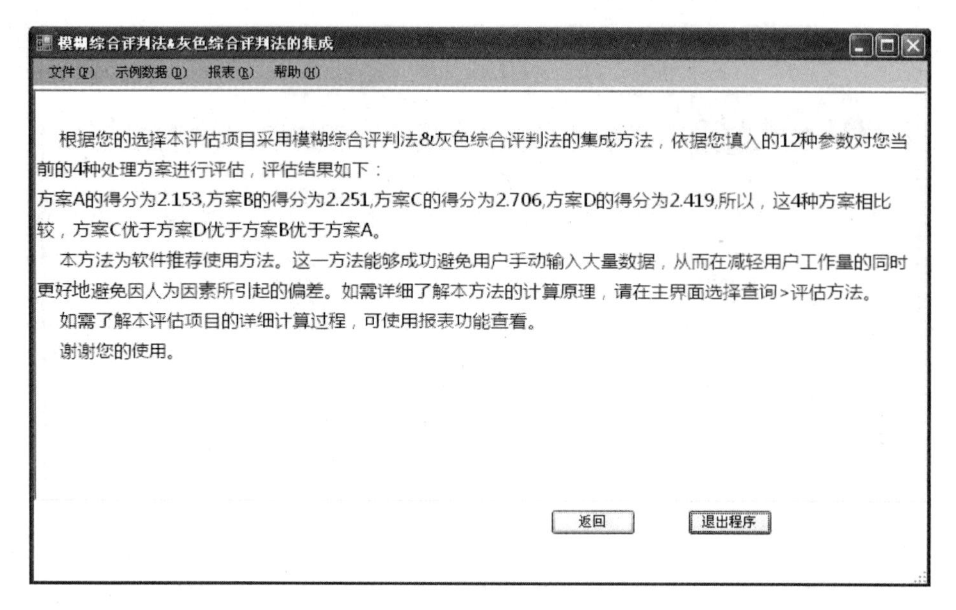

（b）详细评价结果

图 7-14　评价结果

报表菜单命令为用户提供评价结果转存功能（图 7-15），通过该功能，用户可以将详细的评价结论转存为 Word 或 Excel 格式，方便用户日后使用（图 7-16）。

模糊综合评判法&灰色综合评判法的集成

文件(F) 示例数据(D) 报表(R) 帮助(H)

Word报表

Excel报表

数值类型	[illegible]	[illegible]	方案B	方案C	方案D
☑	[illegible]	[illegible]	73	89	76
☑	BOD去除率	92	83	95	89
☑	色度去除率	93	95	90	96
☑	水可利用率	68	60	70	63
☐	二次污染率	30	40	38	25
☑	处理水量（万...	106	115	137	108
☑	节约水量（万...	95	105	89	97
☑	环境净化指数	1.32	1.76	1.66	1.48
☑	水质净化指数	1.61	1.25	1.89	1.13
☐	初投入（万元）	203	187	215	169
☐	运行费用（万...	29	11	36	21
☑	年效益（万元）	80	35	68	81

注：数据类型一列选中√表示该参数数值大为优，不选中表示该参数数值小为优。　查看详情　退出程序

图 7-15　转存评价结果

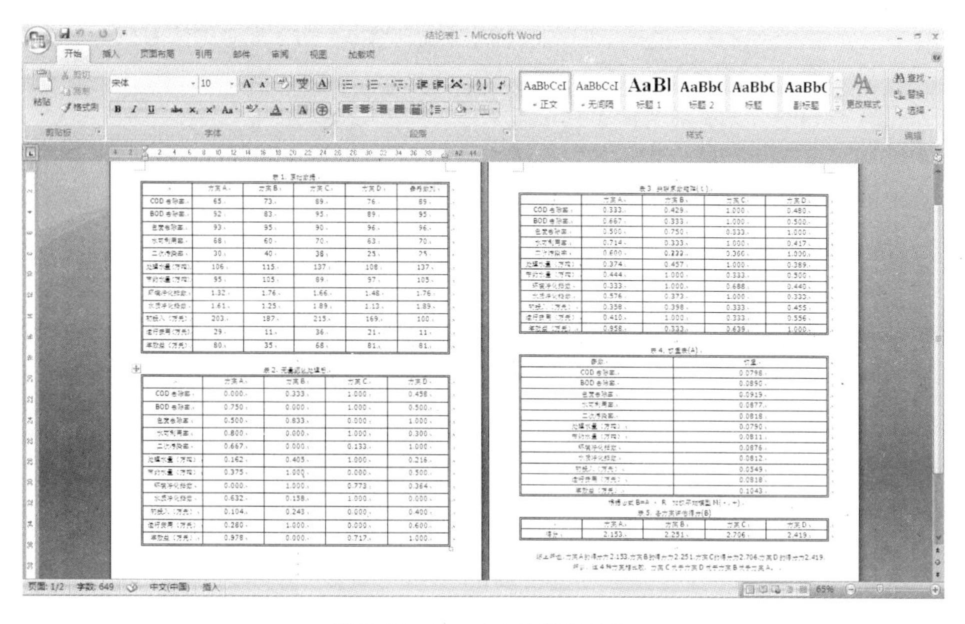

图 7-16　Word 中的评价结果

（2）层次分析法

新建评价方案选择层次分析法，进入层次分析法界面。假定针对 m 个处理方案，n 个参数的评价项目，用户首先需要填入一个 m×m 的权重矩阵，点击下一步，软件将进行数据一致性检验，如图 7-17（a）所示。通过后需继续填入 m 个 n×n 的权重矩阵，提交数据可得评估结果；若数据未通过一致性检验将提示错误，则需重新输入数据，见图 7-17（b）。

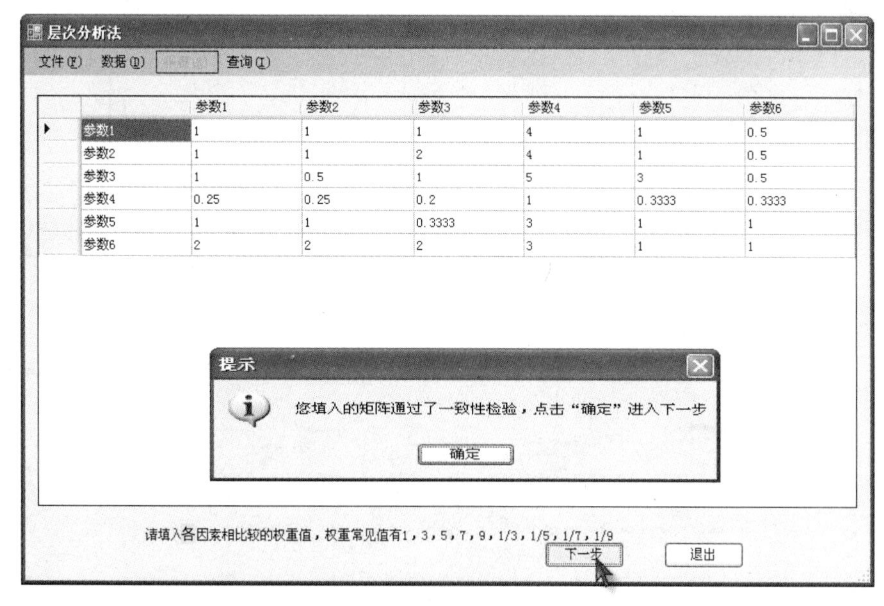

	参数1	参数2	参数3	参数4	参数5	参数6
参数1	1	1	1	4	1	0.5
参数2	1	1	2	4	1	0.5
参数3	1	0.5	1	5	3	0.5
参数4	0.25	0.25	0.2	1	0.3333	0.3333
参数5	1	1	0.3333	3	1	1
参数6	2	2	2	3	1	1

（a）权重矩阵输入

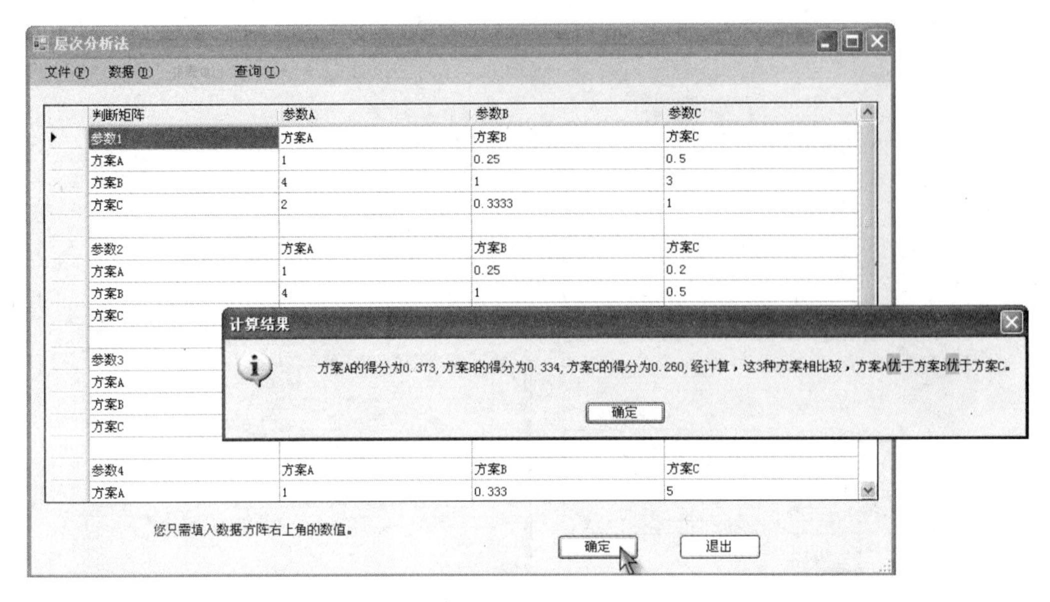

（b）数据输入及计算结果

图 7-17　层次分析法计算过程演示

（3）灰色综合评判法

使用方法与模糊 + 灰色集成法相似，但需要用户输入权重数列（图 7-18）。

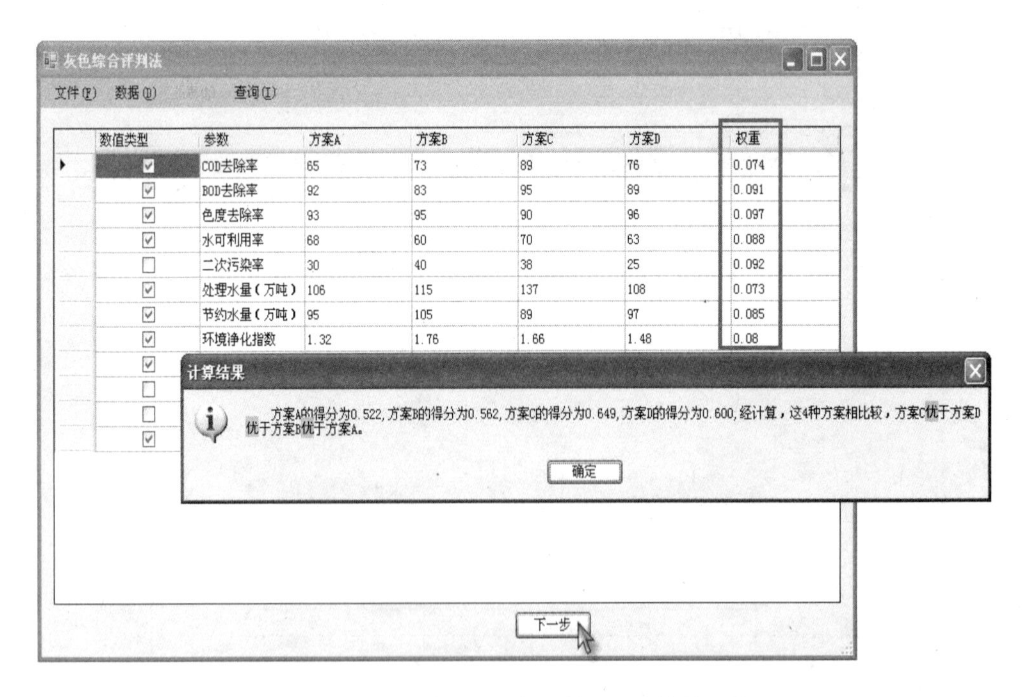

图 7-18　灰色综合评判法数据输入及计算结果演示

（4）技术成本效益分析法

根据备选技术个数、污染物种类和建设周期，建立评价项目。输入各项参数后，软件计算并生成计算结果，便可得出最佳方案。此项评价方法中加入了水污染物排污费用计算方法查询，操作方法为：根据污染物种类，在右侧查询菜单栏中查询污染当量值，根据窗口左侧计算介绍，将当量值代入公式，即可计算单位排污费用（如图 7-19 所示）。

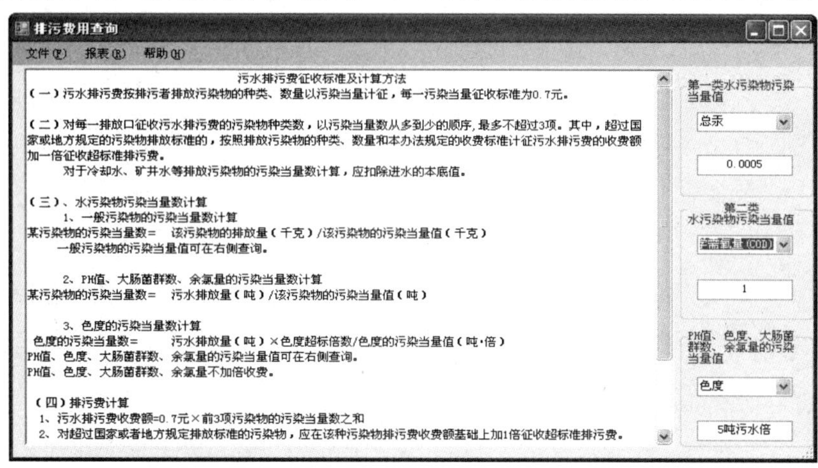

图 7-19　排污费用查询演示

7.4.3　信息收集功能

为了使用户输入的数据归类存储，软件系统在数据输入菜单命令中将数据分为五种类型，如图 7-20 所示。

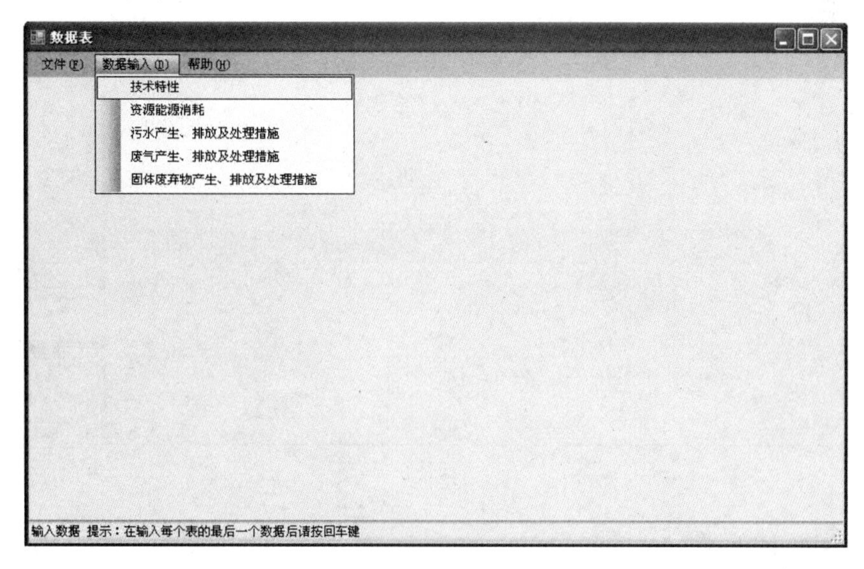

图 7-20　数据输入界面

这五种数据输入类型分别为：①技术特性，见图 7-21（a)；②资源能源消耗，见图 7-21（b)；③污水产生、排放及处理措施，见图 7-21（c)；④废气产生、排放及处理措施，见图 7-21（d)；⑤固体废弃物产生、排放及处理措施，见图 7-21（e)。

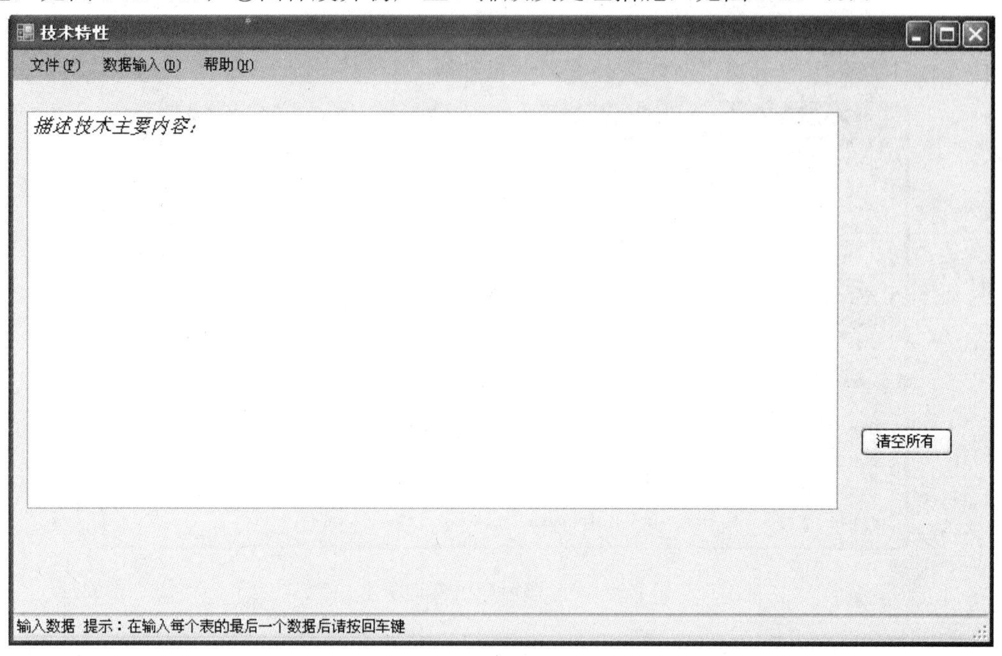

（a）技术特性

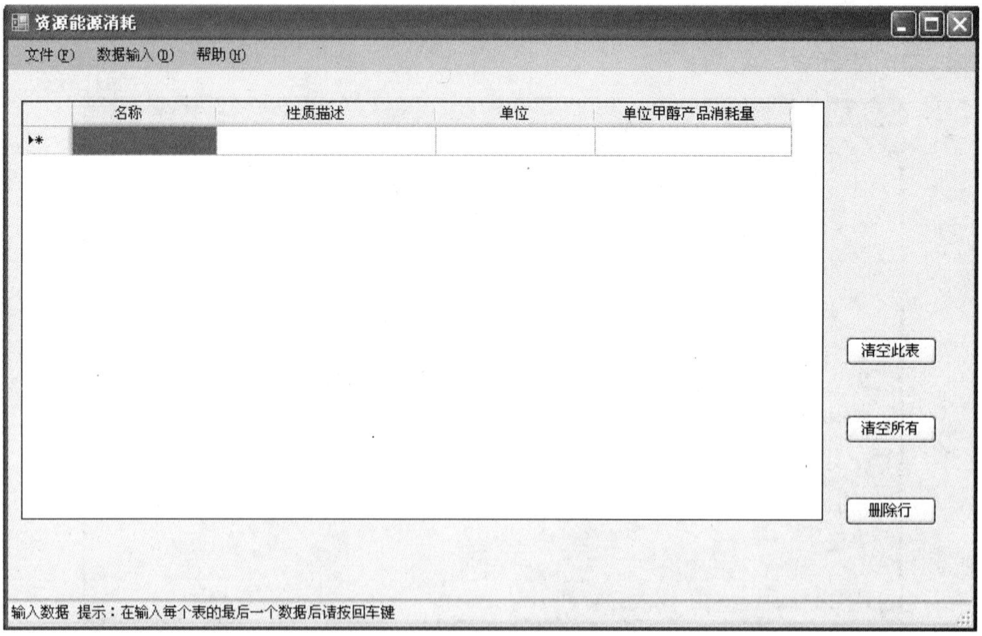

（b）资源能源消耗

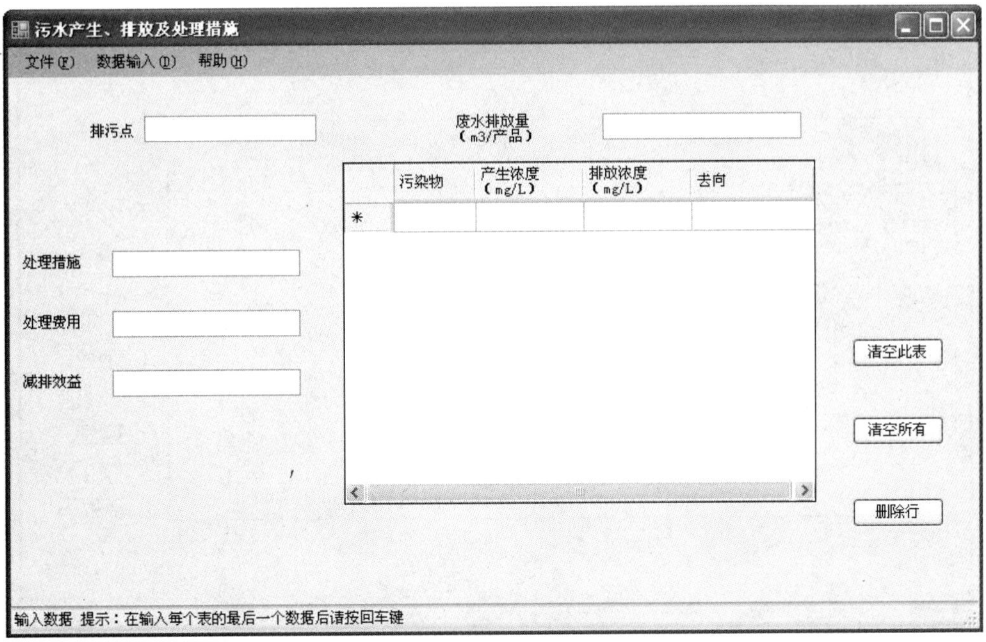

（c）污水产生、排放及处理措施

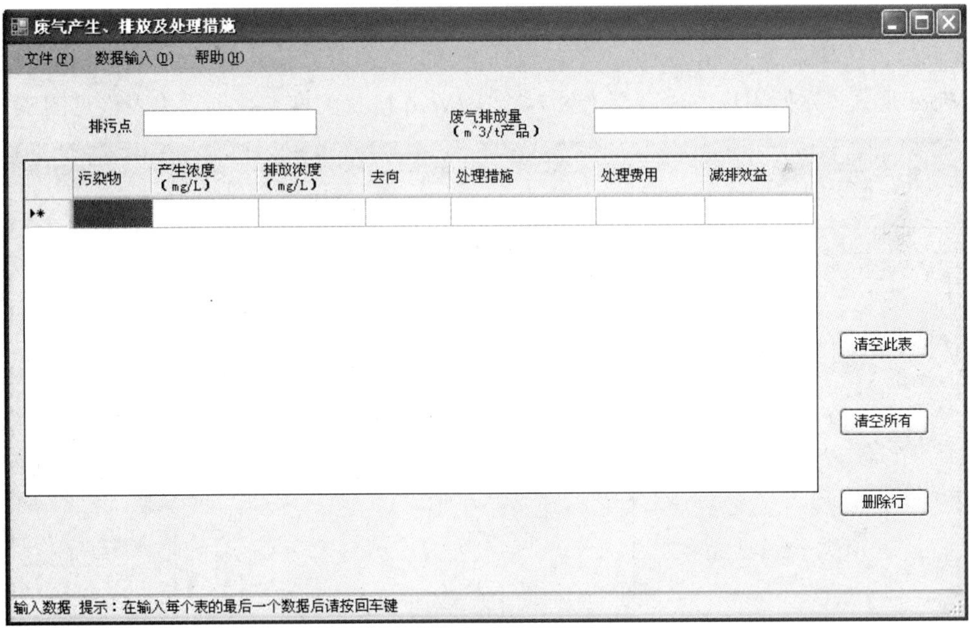

（d）废气产生、排放及处理措施

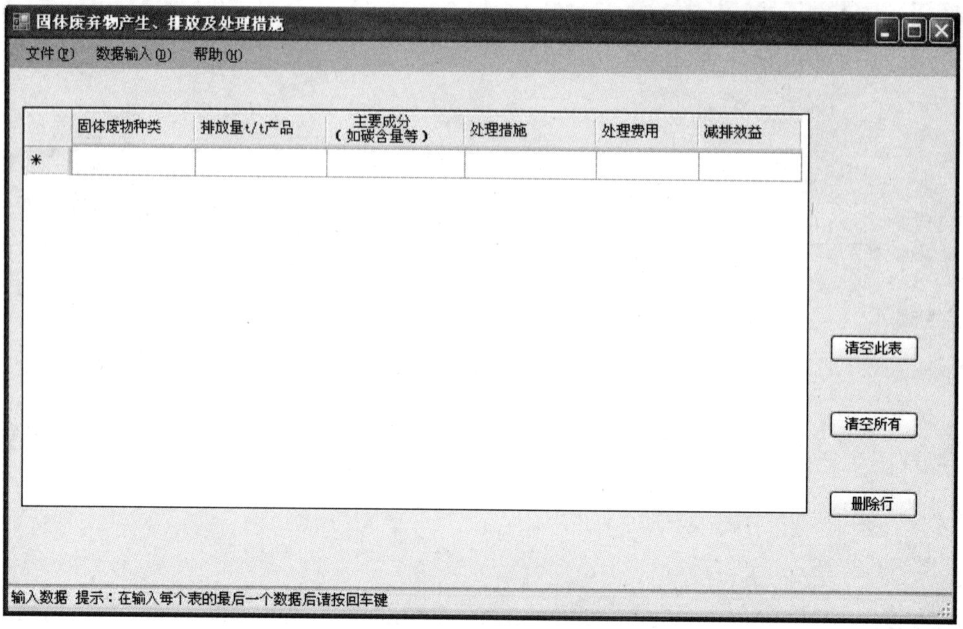

固体废弃物产生、排放及处理措施

文件(F)　数据输入(D)　帮助(H)

	固体废物种类	排放量t/t产品	主要成分（如碳含量等）	处理措施	处理费用	减排效益
*						

清空此表

清空所有

删除行

输入数据 提示：在输入每个表的最后一个数据后请按回车键

（e）固体废弃物产生、排放及处理措施

图 7-21　数据收集功能界面

同时，软件系统也为用户提供了转存功能，用户可以将输入的数据以标准格式转存成 Word 形式，方便用户备份存档（图 7-22）。Word 格式的标准数据输出表格见图 7-23。

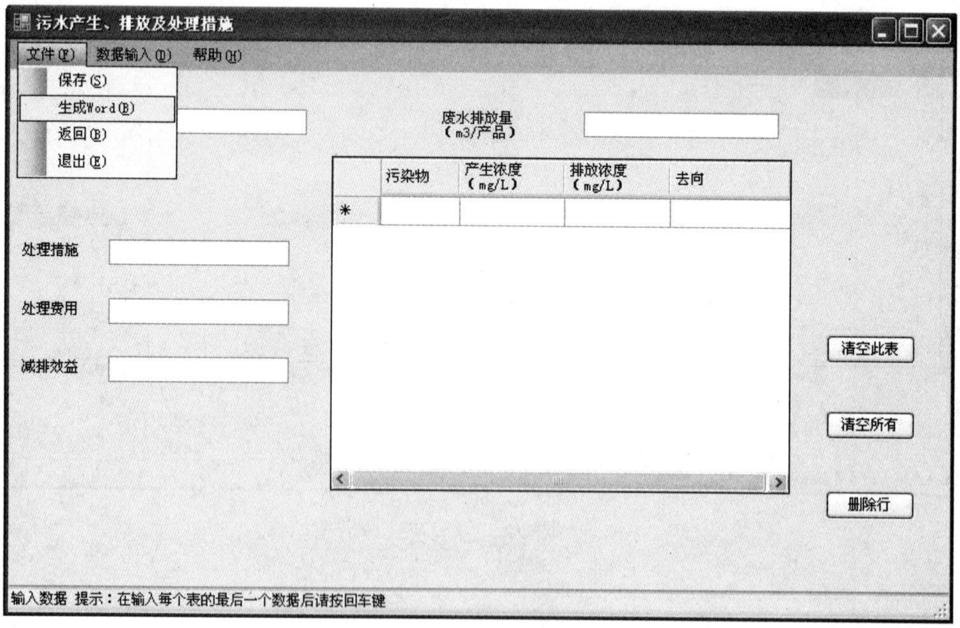

污水产生、排放及处理措施

文件(F)　数据输入(D)　帮助(H)

保存(S)

生成Word(B)

返回(B)

退出(E)

废水排放量（m3/产品）

处理措施

处理费用

减排效益

	污染物	产生浓度（mg/L）	排放浓度（mg/L）	去向
*				

清空此表

清空所有

删除行

输入数据 提示：在输入每个表的最后一个数据后请按回车键

图 7-22　转存数据

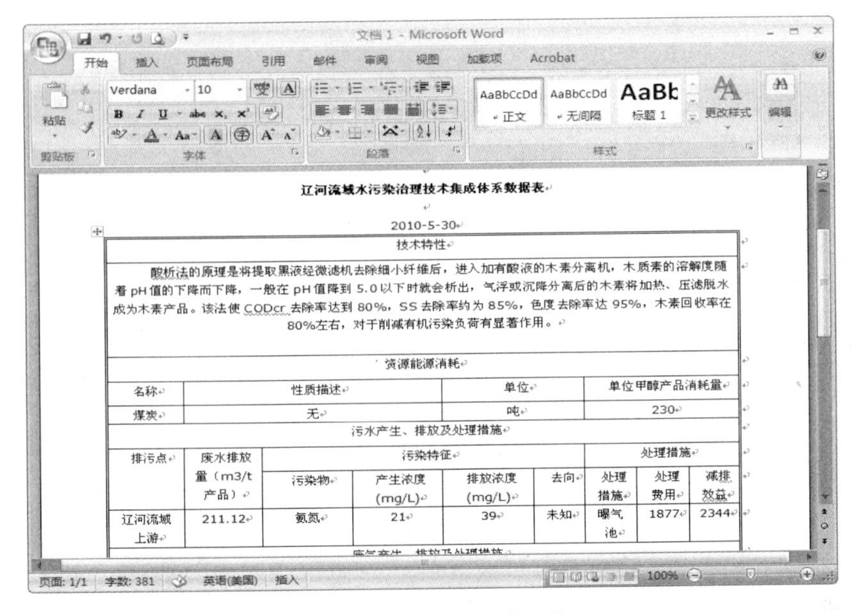

辽河流域水污染治理技术集成体系数据表

2010-5-30

技术特性
酸析法的原理是将提取黑液经微滤机去除细小纤维后，进入加有酸液的木素分离机，木质素的溶解度随着 pH 值的下降而下降，一般在 pH 值降到 5.0 以下时就会析出，气浮或沉降分离后的木素将加热、压滤脱水成为木素产品。该法使 CODcr 去除率达到 80%，SS 去除率约为 85%，色度去除率达 95%，木素回收率在 80%左右，对于削减有机污染负荷有显著作用。

资源能源消耗			
名称	性质描述	单位	单位甲醇产品消耗量
煤炭	无	吨	230

污水产生、排放及处理措施								
排污点	废水排放量（m3/t 产品）	污染特征				处理措施		
		污染物	产生浓度 (mg/L)	排放浓度 (mg/L)	去向	处理措施	处理费用	减排效益
辽河流域上游	211.12	氨氮	21	39	未知	曝气池	1877	2344

图 7-23　标准数据输出表格

7.4.4　查询功能

通过软件系统的查询菜单命令，用户可以查询到废水处理工艺介绍和评估软件系统提供的评价方法介绍（图 7-24）。

图 7-24　查询功能界面

（1）评价方法介绍

在评价方法介绍界面中，用户只需点击界面左侧的方法名称，系统就会在界面右侧为用户显示评价方法的介绍、方法数学模型等（图 7-25）。

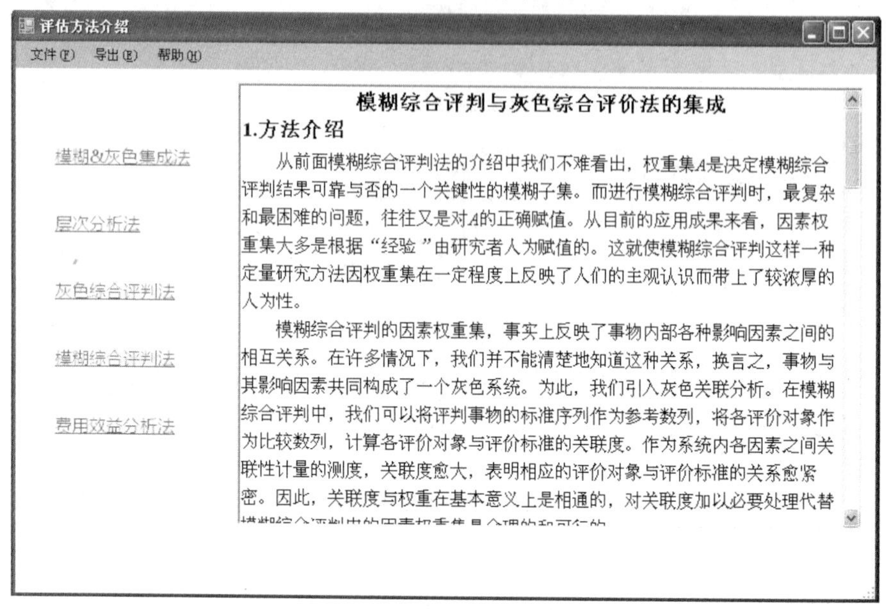

图 7-25 评价方法介绍

软件系统为用户提供评价方法转存功能，用户通过该功能可以将评价方法介绍转存为 Word 形式（图 7-26）。

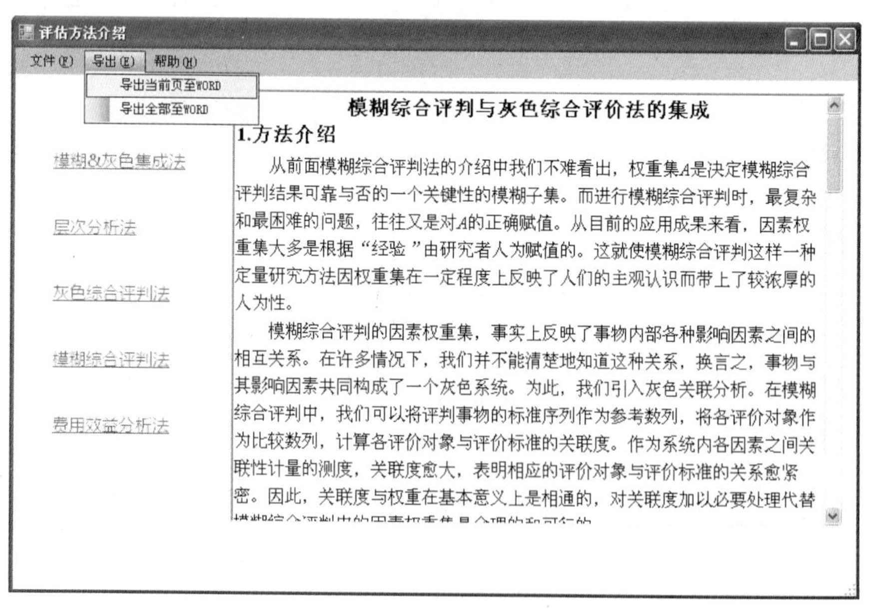

图 7-26 转存评价方法

（2）处理工艺介绍

通过点击查询菜单命令下的处理工艺选项，我们进入处理工艺查询单元，用户通过查询功能可以查询到六大典型行业的废水处理工艺，并且软件系统会按照每种废水处理工艺的不同而将废水处理工艺进行分类，以造纸工业废水为例（图 7-27）。

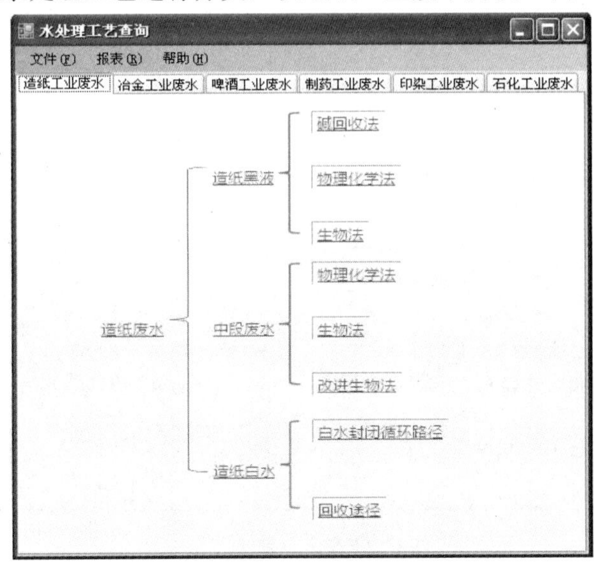

图 7-27　造纸工业废水处理工艺查询界面

用户只需点击需要查询的工艺名称，即可查看到废水处理工艺的介绍，以造纸废水的好氧生物处理法为例（图 7-28）。

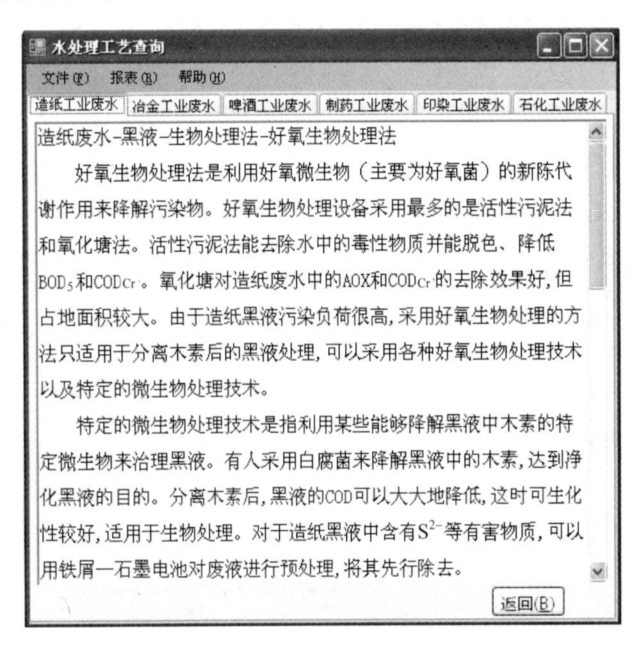

图 7-28　造纸废水的生物处理技术介绍

软件系统也为处理工艺介绍提供转存功能，用户可将需要保存的废水处理工艺转存为 Word 形式，以便日后使用（图 7-29）。

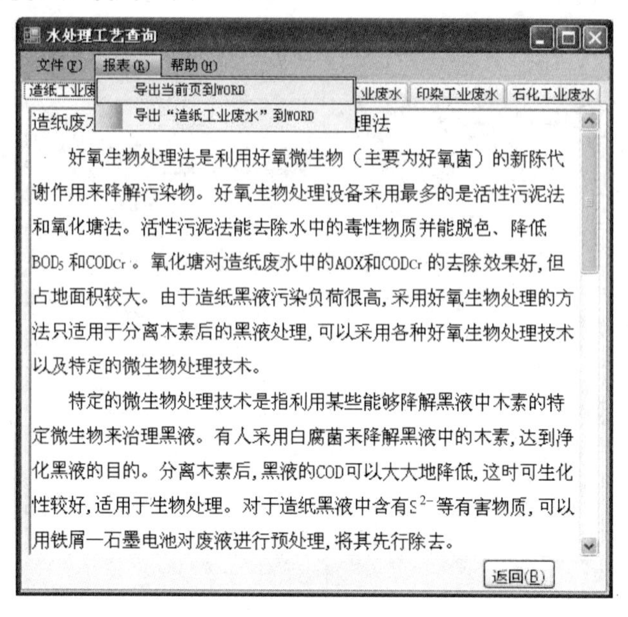

图 7-29　转存废水处理工艺介绍

为方便用户快速掌握软件系统的处理工艺查询功能，软件系统建立了帮助菜单命令。用户只需点击帮助键，即可得到工艺查询功能的详细使用说明（图 7-30）。点击返回键即可返回工艺查询主界面。

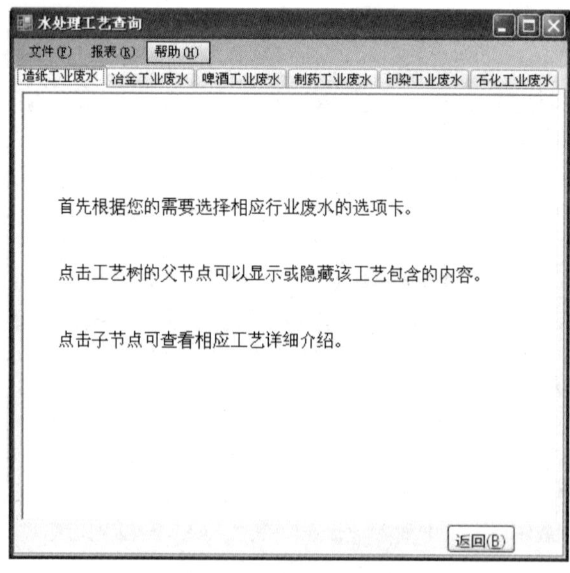

图 7-30　帮助功能界面

第 8 章　辽河流域水污染治理技术申报系统

为便捷、准确地掌握辽河水专项所涉及的水污染控制技术的详细资料，从而对项目开发的各项水污染控制技术进行评估集成，我们开发了“国家重大水专项辽河项目技术申报系统”。技术申报系统按照课题（子课题）的参加单位进行分类，将各参加单位的数据、取得的成果依次录入到系统的数据库中进行分类保存。

8.1　申报填写

8.1.1　登录

在登录界面中，选择单位、用户，输入密码，登录进申报界面（图 8-1）。默认密码为组成姓名的各个汉字的汉语拼音首字母（小写）。例如用户：李明，密码：lm。注意：请登录后立刻修改密码。

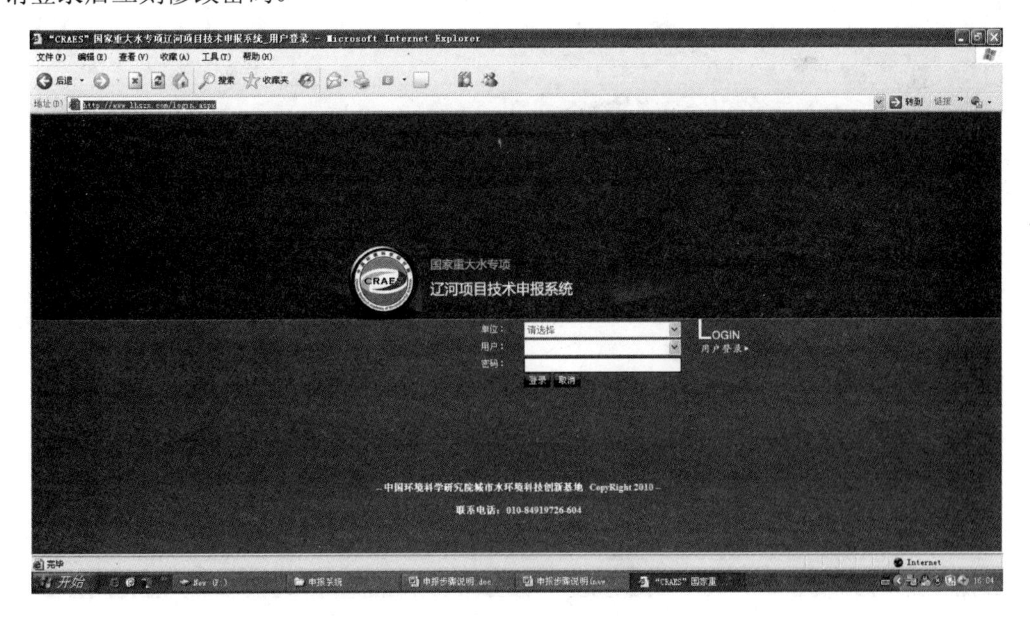

图 8-1　技术申报系统登录界面

8.1.2 修改密码

登录成功后选择主界面上方的“个人信息修改”来修改密码。

具体界面见图 8-2 和图 8-3。直接输入新密码，然后点击“确定”即可。

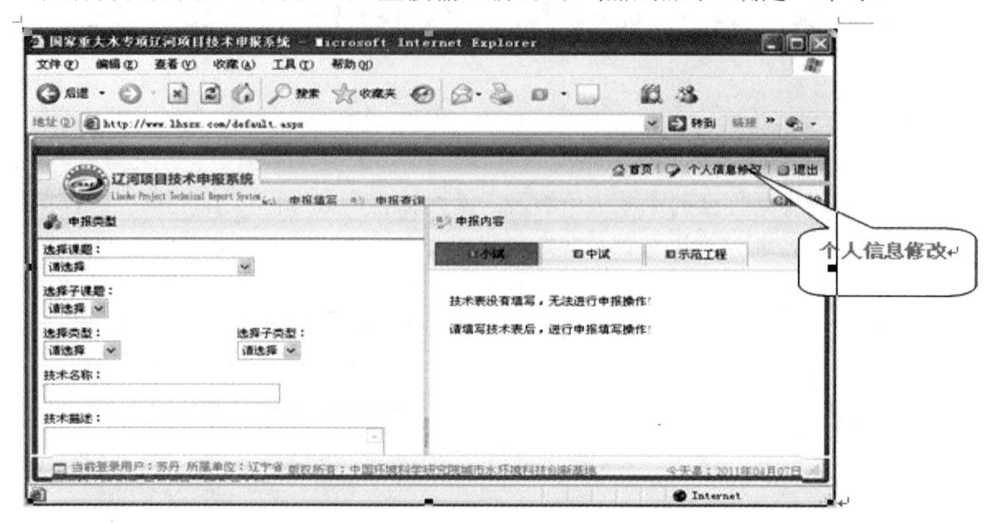

图 8-2 技术申报系统个人信息修改

图 8-3 技术申报系统个人密码修改

8.1.3 申报填写

选择课题，填写申报技术表内容。需注意以下几点：

❖ 必须先填写完技术描述，才能填写小试、中试和示范工程的详细内容；

❖ 在确认申报以前，可以反复修改，但一经确认申报，所填写内容就不能再进行修改；

❖ 任何一项技术只能属于行业列表中的一种；

❖ 操作按钮（例如保存，删除，确认上报等）都在填写内容的上方；

❖ 保存成功后如果想继续编辑，按照如下流程操作：

申报查询—选择已经保存的技术—修改；

❖ 保存成功后如果想删除，按照如下流程操作：

申报查询—选择已经保存的技术—修改—在修改页面右上方选择删除。

（1）技术类型选择

如图 8-4 所示，首先选择技术所属课题、子课题、类型、子类型，以方便后台对技术进行归类，然后填写技术描述表。

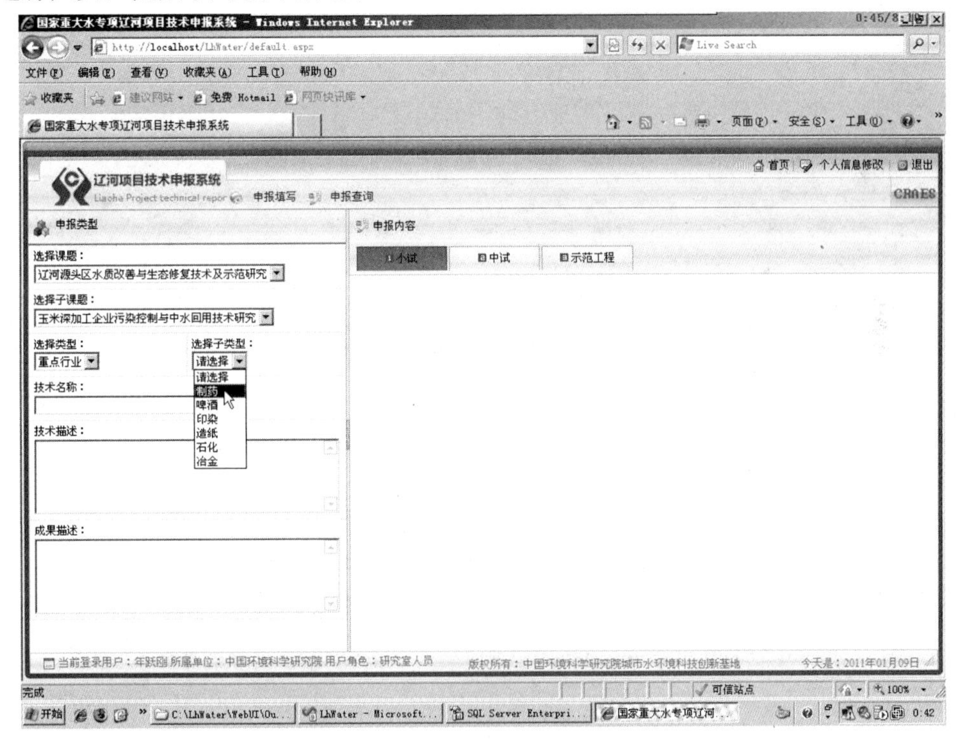

图 8-4　技术申报中课题基础信息填写

（2）填写技术名称、技术描述、结果描述

按照网页要求，填写各技术的详细内容（图 8-5）。同一个申报人，如果申报多项技术时，技术名称必须唯一，不能出现重复。

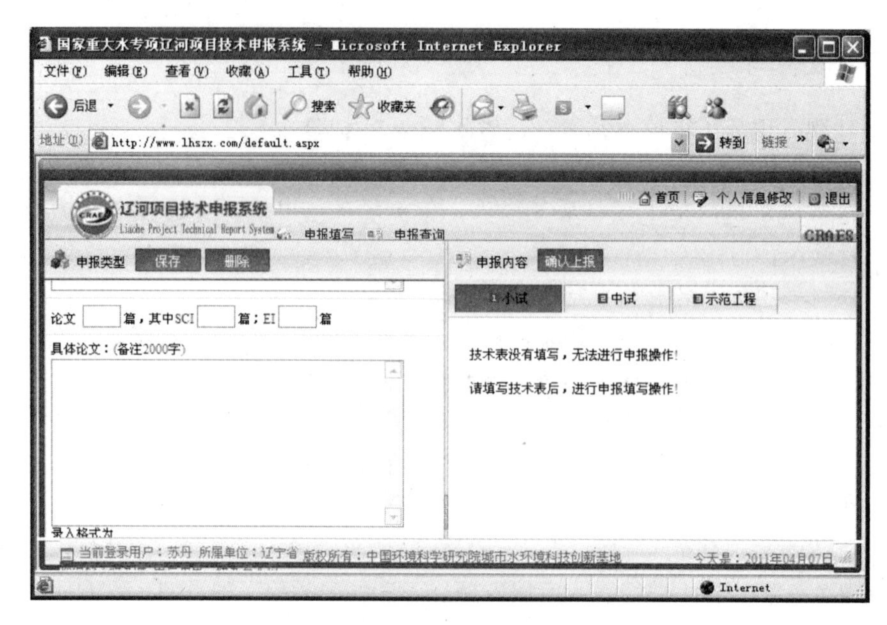

图 8-5　技术申报中技术描述填写

（3）书写完技术信息后，点击“保存”按钮（图 8-6）

图 8-6　技术申报中基础信息保存

（4）录入申报表中的所需信息

按照申报表要求填写技术详细参数（图 8-7）。保存好技术信息后可以将“技术信息”所在的左侧区域隐藏，以扩大申报表的浏览区域。

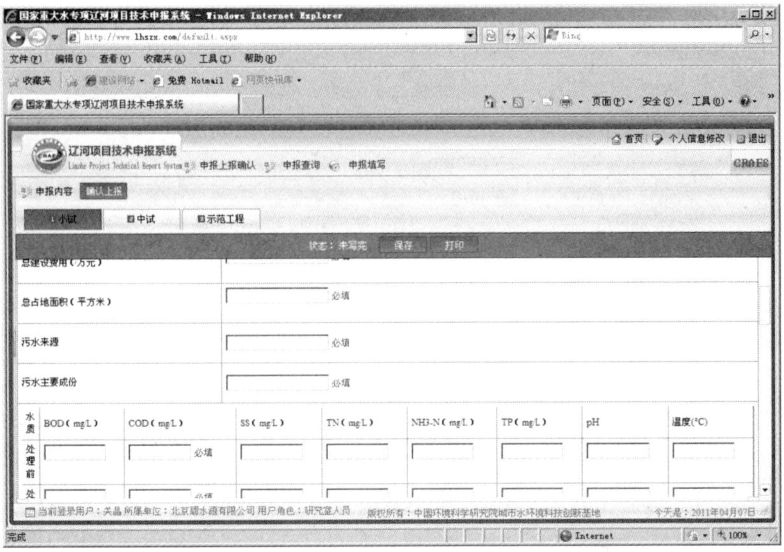

图 8-7　技术申报中技术参数填写

（5）确定录入完毕后，点击“确认上报”按钮（图 8-8）

确认上报后，所有信息将不允许修改，所以请确认一切信息填写无误后再点击确认上报。

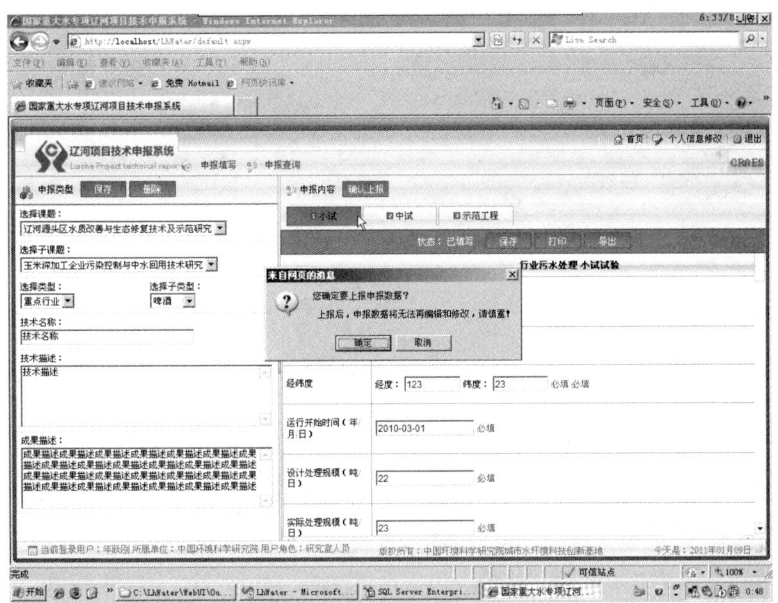

图 8-8　技术申报结果上报

8.1.4　申报打印

可以对自己申报的内容进行打印。请连接好打印机，利用 IE 菜单下的打印功能进行打印，建议在 IE 打印设置中删除脚注、URL 等信息（图 8-9）。

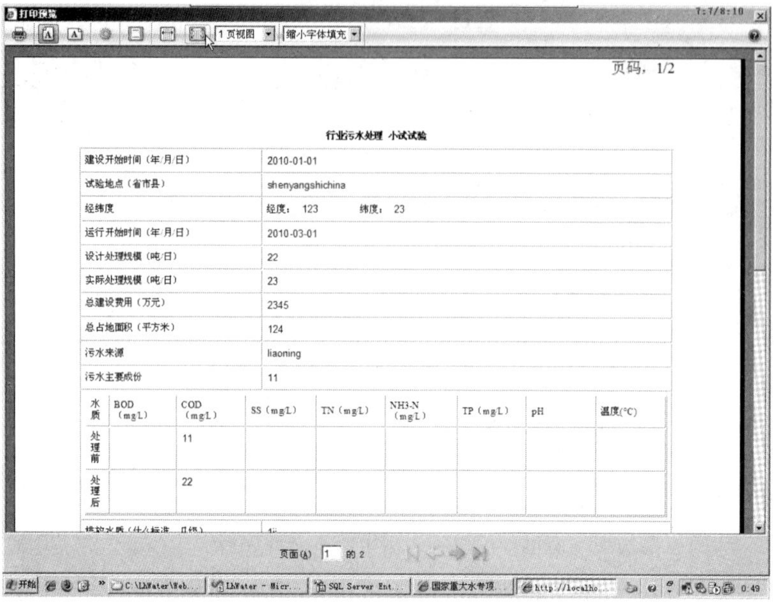

打印预览

1 页视图 缩小字体填充

页码，1/2

行业污水处理 小试试验

建设开始时间（年/月/日）	2010-01-01
试验地点（省市县）	shenyangshichina
经纬度	经度：123 纬度：23
运行开始时间（年/月/日）	2010-03-01
设计处理规模（吨/日）	22
实际处理规模（吨/日）	23
总建设费用（万元）	2345
总占地面积（平方米）	124
污水来源	liaoning
污水主要成份	11

水质	BOD（mg/L）	COD（mg/L）	SS（mg/L）	TN（mg/L）	NH3-N（mg/L）	TP（mg/L）	pH	温度(°C)
处理前		11						
处理后		22						

页面(A) 1 的 2

（a）打印预览

页面设置

纸张

大小(Z)：A4

来源(S)：自动选择

页眉和页脚

页眉(H)

页脚(F)

方向

纵向(O)

横向(A)

页边距（毫米）

左(L)：19.05 右(R)：19.05

上(T)：19.05 下(B)：19.05

确定 取消 打印机(P)...

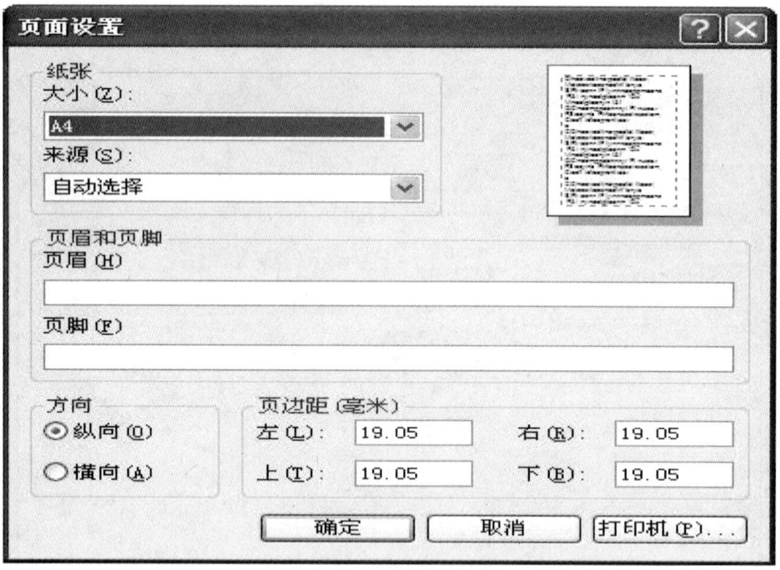

（b）页面调整

图 8-9 技术申报结果打印

8.1.5 申报修改与删除

数据在确认上报以前，系统能保存上次填写的结果，待下次继续修改或删除。修改操作的步骤如下：

①在主窗口右上方选择申报查询，注意不是申报填写（图 8-10）。

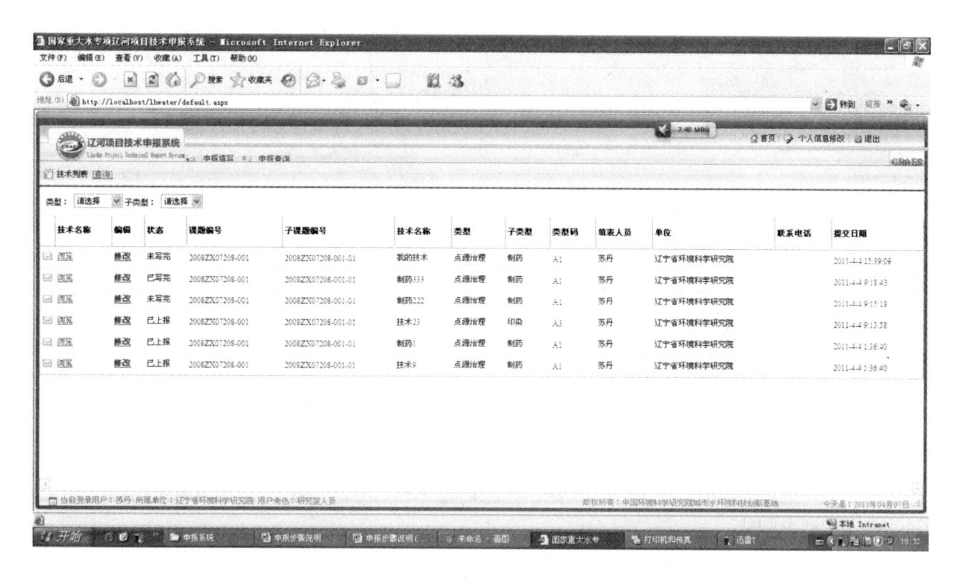

图 8-10 技术申报修改与删除

②在已经填写的技术列表中，选择需要修改的技术，点“修改”链接，进入如图 8-11 所示的界面，进行修改。修改后须重新保存，也可以删除该技术。技术名称和其所属行业类别一旦确定，不能修改。如果必须修改，须先删除整个技术表及其所属的“小试、中试、示范工程”等表格。再重新填写。

图 8-11 技术申报中技术修改

8.1.6 申报导出 Excel

可以将自己申报的内容导出到 Excel 文件中进行保存（图 8-12）。

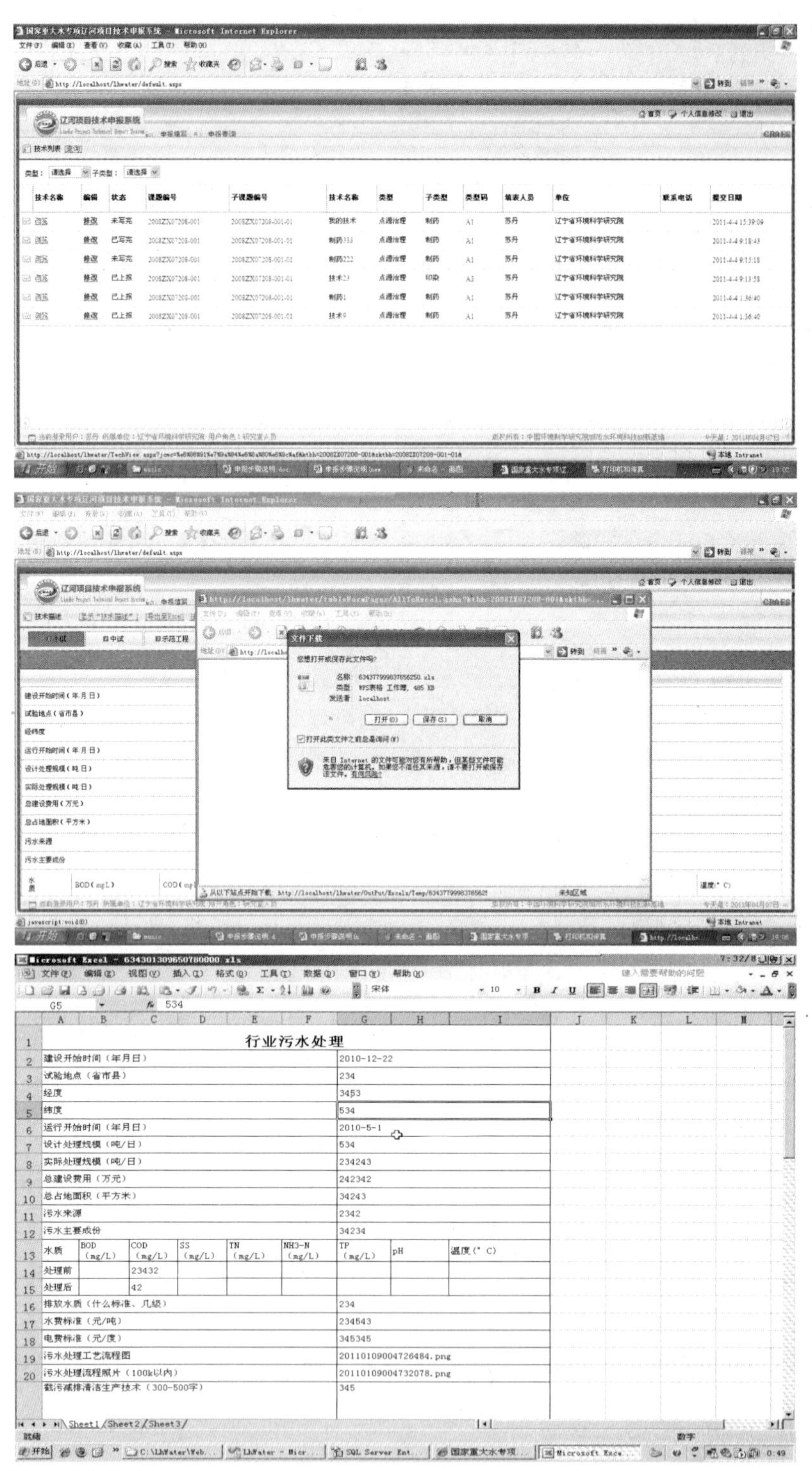

注：选择浏览（而非修改）

图 8-12　技术申报结果导出

具体操作过程如下：

从主界面选择申报查询—浏览（申报技术表中选中需要浏览的技术）—导出到 Excel（左上方链接）

由于导出整个技术表格需要的时间较长（0.5 min 左右），请耐心等待导出结果文件下载窗口出现。在文件下载窗口可以选择打开或者保存为本地磁盘文件（本地机器必须安装 Microsoft Office Excel 2003 以上版本）（图 8-12）。

8.2　课题组长操作

课题组长如果承担子课题，有关其承担子课题的技术申报操作说明见 8.1 节“申报填写”部分。

课题组长登录后，选择上方“申报上报确认”链接，主界面如图 8-13 所示。

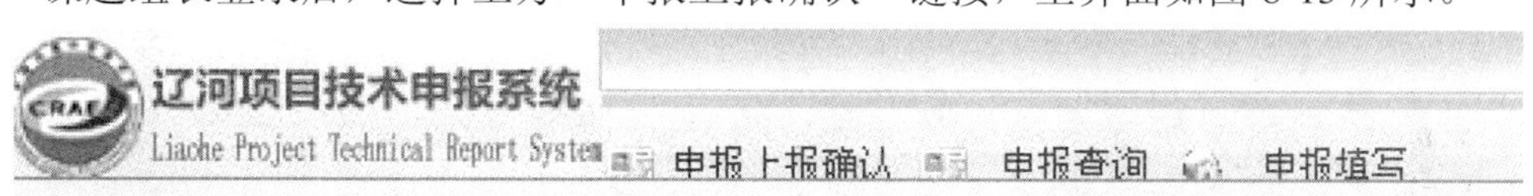

图 8-13　技术申报结果查询

注：点击申报填写，课题组长可以申报自己承担的子课题的技术；点击申报查询可以查询自己上报的所有技术。具体操作见 8.1 节“申报填写”部分。

课题组长通过点击“技术名称”列所在的链接，可以浏览本课题内上报的技术内容；通过点击“编辑”列下面的“删除”链接，可以删除某项技术；通过点击“确认上报”所在列的“上报”链接，可以对该项目技术进行上报（图 8-14）。

技术名称	状态	编辑	确认上报	状态	课题编号	子课题编号	技术名称	类型	子类型	类型码	填表人员	单位	联系电话	提交日期
制药333	已写完	删除	上报	已写完	2008ZX07208-001	2008ZX07208-001-01	制药333	点源治理	制药	A1	苏丹	辽宁省环境科学研究院		2011-4-4 9:18:43
技术23	已上报	删除	上报	已上报	2008ZX07208-001	2008ZX07208-001-01	技术23	点源治理	印染	A3	苏丹	辽宁省环境科学研究院		2011-4-4 9:15:58
工程减排1	已上报	删除	上报	已上报	2008ZX07208-001	2008ZX07208-001-02	工程减排1	环境管理	工程减排	D1	王彤	辽宁省环境科学研究院		2011-4-4 1:40:12
技术9	已上报	删除	上报	已上报	2008ZX07208-001	2008ZX07208-001-01	技术9	点源治理	制药	A1	苏丹	辽宁省环境科学研究院		2011-4-4 1:36:40
制药1	已上报	删除	上报	已上报	2008ZX07208-001	2008ZX07208-001-01	制药1	点源治理	制药	A1	苏丹	辽宁省环境科学研究院		2011-4-4 1:36:40
好好好技术名称	已上报	删除	上报	已上报	2008ZX07208-001	2008ZX07208-001-05	好好好技术名称	点源治理	制药	A1	满涵	辽宁省环境科学研究院		2011-3-13 14:51:18

图 8-14　技术申报结果汇总

根据状态列可以判断某项技术是否已经上报。上报组长必须对本课题的技术进行上报。注意删除后将无法恢复，请慎重使用删除操作。

8.3　系统管理步骤

可以对自己申报的多项技术进行查询和管理。

其中：申报用户只能对自己申报的内容进行查询和浏览。管理员用户可以对全部申报的内容进行查询和管理。

8.3.1　申报查询

可以根据技术的类型和子类型以及上报单位进行筛选，也可以选择技术列表查询链接，界面如图 8-15 所示。

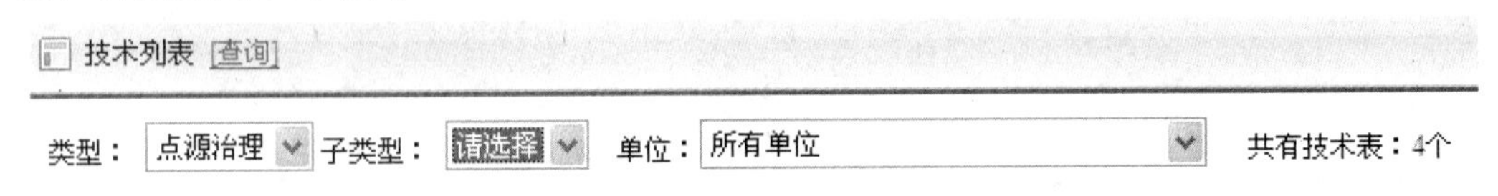

图 8-15　技术申报结果分类查询

点击查询链接后可以输入具体的查询条件（图 8-16）。

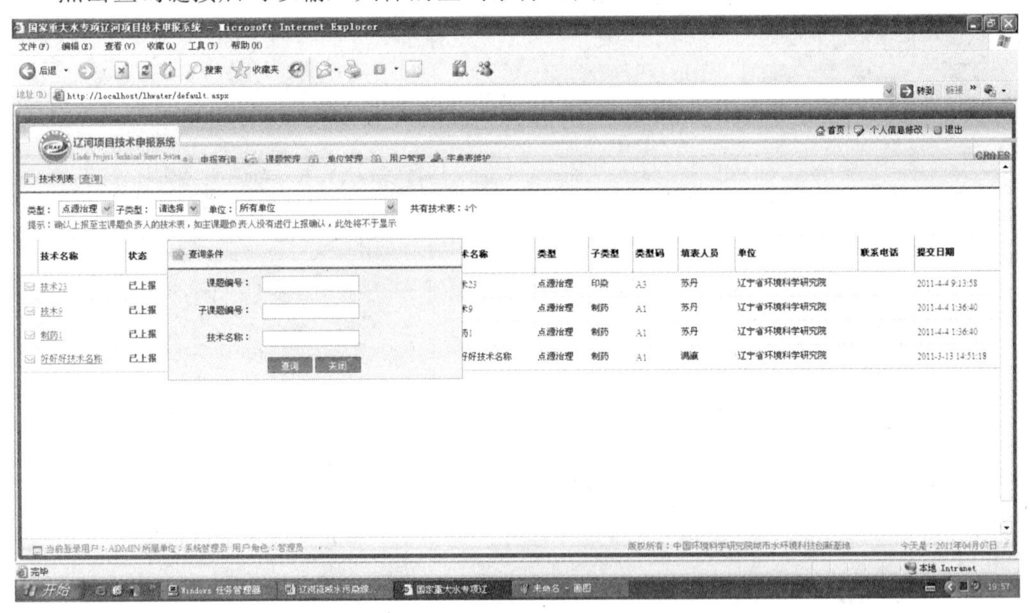

图 8-16　技术申报系统查询条件

管理员可以浏览上报的所有技术内容（点击“技术名称”列所在的链接），可以删除某项技术（点击“编辑”列下面的“删除”链接）（图 8-17）。根据状态列可以快速判断某项技术是否已经上报。

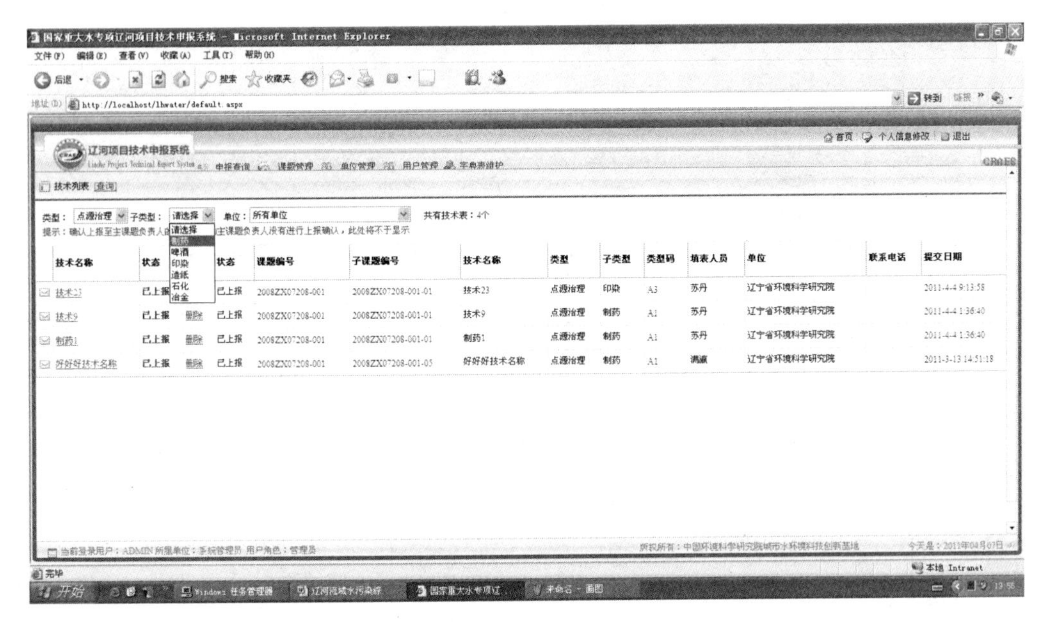

图 8-17　技术申报系统按照行业类型查询技术

8.3.2　申报查看

点击“隐藏技术描述”，可以实现窗口中技术描述部分区域的折叠，以增加申报表信息的浏览区域（图 8-18）。

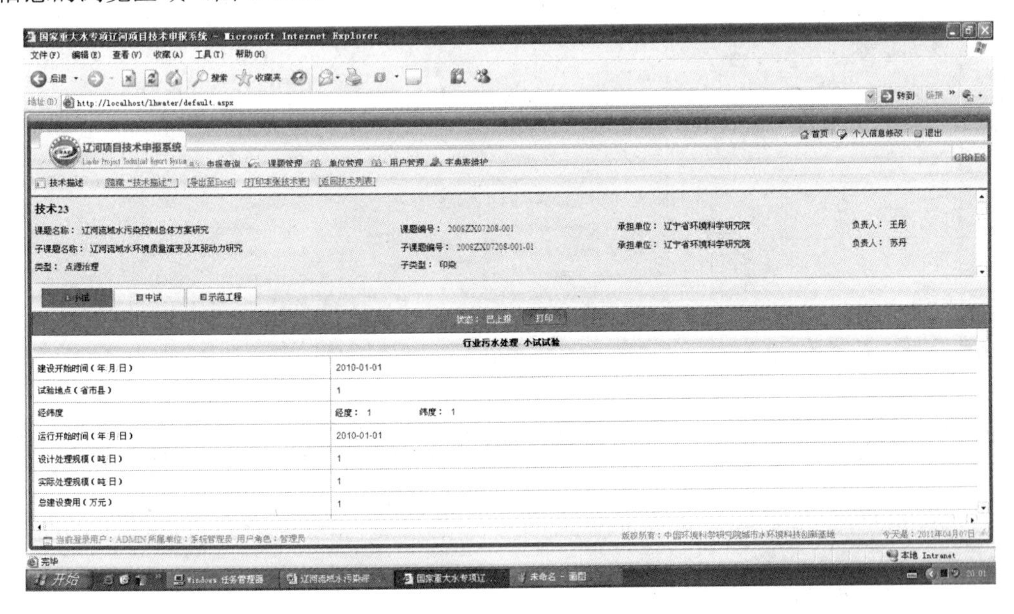

图 8-18　技术申报系统中技术查询

8.3.3 课题管理

可以增加、修改和删除主课题，也可以修改主课题所包含的子课题信息（图 8-19）。

图 8-19　技术申报系统课题管理

8.3.4 子课题管理

可以增加、修改和删除子课题，分配子课题的负责人（图 8-20）。

图 8-20　技术申报系统子课题管理

8.3.5 单位管理

可以增加、修改和删除参与单位信息（图 8-21）。

图 8-21　技术申报系统单位管理

8.3.6　用户管理

可以增加、修改和删除人员信息（图 8-22）。

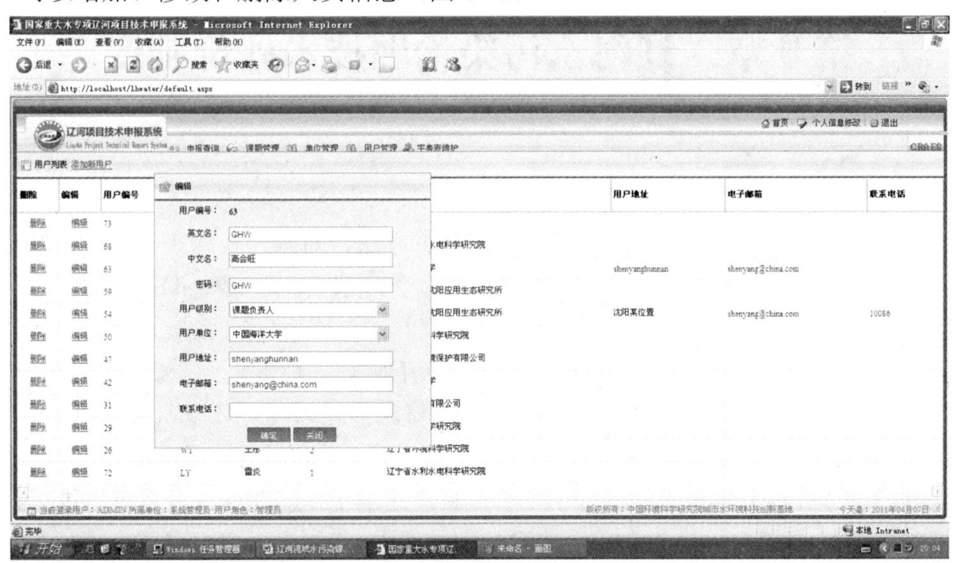

图 8-22　技术申报系统用户管理

8.3.7　字典表管理

可以增加、修改和删除系统的一些枚举信息，例如行业类型、人员类别等信息（图 8-23）。

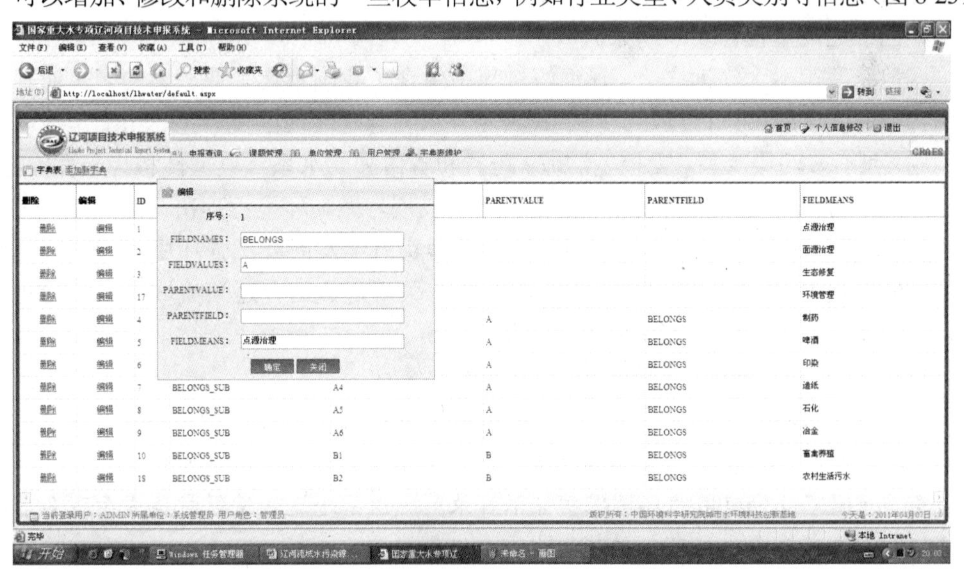

图 8-23　技术申报系统字典表管理

第9章　辽河水污染治理技术评价制度

水污染治理技术评价是指按照规定的程序、方法，对水污染治理技术的水平、可靠性、环境效益、经济效益和社会效益以及风险等所进行的评估、验证、论证、评审等活动。

污水治理技术评价从20世纪70年代就已经开始了。在国外，专家们从各个处理方法的优缺点、经济效益、二次污染、能源消耗、资源消耗以及对环境和人体健康的影响等方面开始对污水治理技术的评价问题进行探讨研究。美国曾经对城市废水的11种处理方法以及12种污泥处理方法进行了评价，目前这项工作仍在深入而系统地进行。

我国在过去的几年，曾对数千套废水处理装置进行研究，发现了不少问题。例如污泥处置问题，由于它不但含有有机硝酸盐，还含有病毒、寄生虫、重金属等有害物质，若处置不当将对环境造成“二次污染”，这是大多数污水处理厂都存在的问题。目前污泥处置技术众多，各项技术均有其优缺点，如何合理评价各项污泥处置技术成为亟待解决的问题。如今，环境保护部在发展环保产业的同时，特别强调了对最佳技术的评价，对优秀者以国家指令的方式进行推广和应用。这些都说明我国对污水处理工艺的技术评价工作已经逐渐重视并发展起来。

辽河是我国七大江河之一，辽河流域集中体现了我国重化工业密集的老工业基地水体结构型、区域型污染特点，反映了我国北方水资源匮乏地区复合型、压缩型水环境污染问题，具有多污染类型、受控型河流、跨省和省内独立水系等典型性和代表性的特点。

因此，为保护辽河流域水环境健康有序地发展，提高环境管理决策的科学性，依据《中华人民共和国环境保护法》、《国务院关于落实科学发展观加强环境保护的决定》和《国家环境保护技术评价与示范管理办法》的有关规定，结合辽河流域水环境的实际情况，制定出《辽河水污染治理技术评价制度》。

《辽河水污染治理技术评价制度》的具体内容如下：

（1）辽河水环境地方行政主管部门在开展与水污染治理技术相关的管理工作时，应当以环境保护技术评价的结果作为依据。对下列情况应当进行技术评价：

❖　《国家鼓励应用的环境保护技术目录》、《国家先进环境保护技术示范名录》和环境保护奖励等有关水处理的依托技术；

❖　中央或地方财政资金支持的水污染防治新技术、新工艺示范项目的依托技术；

❖　中央或地方财政资金支持的各类水环境保护规划实施及重点流域、区域水环境污染综合治理、重点节能减排和水治理工程等需要进行评价的依托技术；

❖ 中央或地方财政资金支持的水环境保护技术成果转化立项、贷款、投资过程中需要进行评价的技术；

❖ 利用国家或地方财政资金资助，拟采用的已完成中试或工业化试验、具有产业化前景的新技术和新工艺，或拟引进的境外水环境保护技术；

❖ 法律、法规要求进行评价的技术。

（2）辽河水环境保护地方行政主管部门应当根据工作需要委托评价机构或评价专家委员会（评价专家组）进行技术评价。技术评价一般分为单项技术综合评价、新技术验证评价和同类技术筛选评价三类。

❖ 对单项现有技术，应当委托评价机构对其技术的环境效益、经济效益、社会效益、应用前景、适用范围、技术和市场风险，以及存在的问题等进行综合评价；

❖ 对已完成中试或工业化试验、具有产业化前景的单项新技术、新工艺以及利用财政资金从境外引进的技术、工艺，应当委托评价机构对其技术经济性能进行以试验验证为主要内容的验证评价；

❖ 对同一应用领域或同一技术原理的多种技术，应当在单项技术综合评价或验证评价的基础上，按照应用或技术领域组织或委托评价专家委员会（评价专家组）对其技术经济性能进行筛选评价。

（3）水污染治理技术评价应当遵循客观、科学、公正、独立的原则，采取环境效益、经济效益和社会效益相结合，定量与定性相结合，专业评价人员与技术专家评价相结合的方式进行。

（4）技术持有方（技术依托单位）应当按照评价实施细则、指南、规范等技术文件的要求，提供真实、完整、翔实的技术资料，以及经省级以上的环境监测机构出具的监测报告和经省级以上环境监测机构或检测机构出具的技术性能验证检测报告。

（5）评价机构或评价专家委员会（评价专家组）在接受评价委托后，应当根据评价指南、规范等技术文件及委托要求，独立开展评价工作。评价工作完成后，应当向下达委托任务的辽河水环境保护地方行政主管部门提交技术评价报告。

（6）评价机构或评价专家委员会（评价专家组）应当对评价结果、结论和评价报告的科学性、客观性、真实性负责。

（7）评价结论应当明确被评价技术的可行性、适用范围、适用条件，可达到的环境、技术和经济指标，以及存在的技术风险，不得滥用“国内先进”、“国内首创”、“国际领先”、“国际先进”、“填补空白”等抽象用语。

（8）辽河水环境保护地方行政主管部门可在不涉及商业秘密、知识产权和国家安全的前提下，将环境保护技术评价结果向社会公布。

（9）由辽河水环境保护地方行政主管部门组织或委托进行的技术评价工作，其评价经费应由组织、委托评价的辽河水环境保护地方行政主管部门支付。

（10）环境保护技术评价实施细则、指南、规范等技术文件由辽河水环境保护地方行政主管部门另行制定。

（11）根据环境保护技术评价工作的需要，辽河水环境保护地方行政主管部门可依托省级以上环境保护科研院所、国家环境保护工程技术中心等现有机构中具备条件的单位开展评价业务。

评价机构从事的评价业务不受地区限制。

（12）承担技术评价业务的机构应当具备下列基本条件：

❖ 拥有专业化的评价队伍。评价人员在专业分布上应与从事的技术评价业务范围相适应；
❖ 具备独立处理分析各类评价信息的能力。其中，承担新技术验证评价业务的机构应拥有相应的实验设备、仪器等硬件条件；
❖ 具有一定规模的评价咨询专家支持系统；
❖ 具有先进的技术评估方法。

（13）从事技术评价的人员应当具备下列条件：

❖ 熟悉技术评价的基本业务，掌握技术评价的基本原理、方法和技能；
❖ 具备大学本科以上学历，所学专业、从事专业与所评价专业一致或接近。其中，评价项目负责人已按国家有关规定取得注册环保工程师执业资格或环境影响评价师职业资格，或具有本专业高级技术职称；
❖ 熟悉相关经济、环境保护方面的法律、法规和政策；
❖ 具有较强的分析与综合判断能力；
❖ 恪守职业道德。

（14）辽河水环境保护地方行政主管部门及开展评价业务的机构应当建立评价专家库。专家应当包括来自研究与发展机构、大学、企业等单位的环境保护技术专家、经济专家和管理专家等，并根据技术发展和评价工作的需要及时更新。

在多技术评价等工作中，评价专家委员会（评价专家组）应当由同行技术专家、经济专家和管理专家组成。同一专业方向专家组成人数一般为5～11人。

（15）评价专家应当具备下列条件：

❖ 具有较高的专业知识水平和实践经验、敏锐的洞察力和较强的判断能力，熟悉被评价内容及国内外相关领域的发展状况；
❖ 具有良好的资信和科学道德，认真严谨，秉公办事，客观公正，敢于承担责任；
❖ 已按国家有关规定取得注册环保工程师执业资格或环境影响评价师职业资格的专业技术人员，以及环境保护技术专家、经济分析专家和管理专家等。

（16）与被评价对象存在利益关系的评价机构、评价人员、评价专家应当主动回避。

参考文献

[1] 赵军，王彤，夏广锋，等. 辽河流域水环境与产业结构优化[M]. 中国环境科学出版社，2011.

[2] 宋永会，彭剑峰，曾萍，等. 浑河中游水污染控制与水环境修复技术研发与创新[J]. 环境工程技术学报，2011，1（4）：281-288.

[3] 严登华，何岩，邓伟，等. 东辽河流域地表水水质空间格局演化[J]. 中国环境科学，2001，21（6）：564-568.

[4] 赵英民. 国家环境技术管理体系建设规划[J]. 环境保护，2008，8：2-7.

[5] 孙宁，蒋国华，吴舜泽. 国家环境技术管理体系实施现状与政策建议[J]. 环境保护，2010，15：36-38.

[6] 李凯，李欣. 辽宁老工业基地经济结构与振兴策略分析[J]. 东北大学学报，2004，6（3）：188-190.

[7] 李恺. 层次分析法在生态环境综合评价中的应用[J]. 环境科学与技术，2009，32（2）：183-185.

[8] 田炯，王翠然. 层次分析法在生态效益评价中的应用研究[J]. 环境保护科学，2009，35（1）：118-120.

[9] 李小东. 层次—灰色关联分析法及其在污水处理方案优选中的应用[D]. 山西：太原理工大学，2006.

[10] 张科静. 多目标决策分析理论、方法与应用研究[M]. 上海：东华大学出版社，2008.

[11] 刘扬，杨玉楠，王勇. 层次分析法在我国小城镇分散型生活污水处理技术综合评价中的应用[J]. 水利学报，2008，39（9）：1146-1148.

[12] 慕金波，杨红红，姜涛. 灰色综合评判用于工厂废水处理方案的优选[J]. 环境工程，1992，10（5）：37-41.

[13] 杜栋，庞庆华，吴炎. 现代综合评价方法与案例精选[M]. 北京：清华大学出版社，2008.

[14] 吴育华，刘喜华，郭均鹏. 经济管理中的数量方法[M]. 北京：经济科学出版社，2008.

[15] 李军红. 城镇污水处理工艺综合效益评价模型的建立[J]. 南开大学学报：自然科学版，2007，40（5）：15-20.

[16] 梁保松，曹殿立. 模糊数学及其应用[M]. 北京：科学出版社，2007.

[17] 胡宝清. 模糊理论基础[M]. 武汉：武汉大学出版社，2006.

[18] 谢季坚，刘承平. 模糊数学方法及其应用[M]. 武汉：华中科技大学出版社，2006.

[19] FAN H H，SUN X H，ZHANG M D. A Novel Fuzzy Evaluation Method to Evaluate the Reliability of FIN[C]. ICCS 2002 8th IEEE International Conference on Communications Systems，Singapore，IEEE，2002：1247-1250.

[20] SHI H W. A Grey Fuzzy Comprehensive Model for Evaluation of Teaching Quality[C]. 2009

International Conference on Test and Measurement（ICTM 2009），Hong Kong，IEEE，2009：244-250.
[21] ZHANG B，ZHANG R B. Research on Fuzzy-Grey Comprehensive Evaluation of Software Process Modeling Methods[C]. 2008 International Symposium on Knowledge Acquisition and Modeling（KAM），Wuhan，IEEE，2008：754-760.
[22] LIU B. Expected Value of Fuzzy Variable and Fuzzy Expected Value Models[J]. IEEE Transactions on Fuzzy Systems，2002，10（4）：445-450.
[23] LO W S，HONG T P. A Top-Down Fuzzy Cross-Level Web-Mining on Systems[J]. Man and Cybernetics，2003，3：2684-2689.
[24] NAHMIAS S. Fuzzy Variable[J]. Fuzzy Sets and Systems，1998，1：97-101.
[25] 王红瑞，阎伍玖. 环境质量的模糊综合评判[J]. 北京师范大学学报，1997，33（4）：553-555.
[26] 潘峰，付强，梁川. 模糊综合评价在水环境质量综合中的应用研究[J]. 环境工程，2002，20（2）：58-61.
[27] 李蕊，宋永会，段亮，等. 基于模糊-灰色评价法集成的工业废水处理技术评估研究[J]. 环境工程技术学报，2011，1（4）：344-347.
[28] HU YAN. Economic Evaluation Method of Capital Project on Sustainable Development[C]. Proceedings of the Seventh International Conference on Industrial Engineering and Engineering Management. Guangzhou：Publishing House STANKIN，2000：498-501.
[29] NAIDU P S，REDDY Y V. Modeling of the Sea Surface for Daylight Imagery Studies[J]. IEEE Journal of Oceanic Engineering，1998，13（2）：81-84.
[30] KOTULECKI W. The Analysis of Economic Effectiveness Evaluation Methods for EDP Systems[J]. Informatyka，1975，11（11）：12-16.
[31] RICARDO V A. Technical-Economic Evaluation of Cooling Towers/Cross Flow Type[J]. Revista del Instituto Mexicano del Petroleo，1985，17（1）：54-69.
[32] SCHROEDER W J. Economic Evaluation of Computers by Smaller Companies[J]. Data Management，1979，17（10）：30-34.
[33] SHI H W，LI X H. A Grey Model for Teaching Quality Evaluation in Higher Institutions[C]. 2009 International Conference on Information Engineering and Computer Science（ICIECS 2009），Wuhan，IEEE，2009：1-4.
[34] 潘淑清. 工业企业经济效益综合评价研究[J]. 当代财经，2003，6：123-125.
[35] REDDY P R，SWAROOP G S，TEJA M K R. Mathematical Analysis for Constant Household Monitor of Water Pollution[C]. 2010 IEEE International Conference on Electro/Information Technology（EIT 2010），USA，IEEE，2010：1-6.
[36] SWAROOP G S，REDDY P R，KARTHIK R，TEJA M. Hygieia Domestic Online Monitor of Water Pollution[M].Athens，Greece：WSEAS Press，2010.
[37] 王春萍. 环境费用效益分析法在环境绩效审计中的应用[J]. 财会通讯综合版，2007，2：61-62.
[38] 辛金国，杜巨玲. 试论费用效益分析法在环境审计中的运用[J].审计研究，2000，5：51-52.
[39] 陈建. 费用效益分析法在环境审计中的应用研究[J]. 当代经济，2008，1：122-123.

[40] 黄振管. 效益费用分析法在评估环保科技效益中的应用[J]. 环境科学研究，1994，7（3）：60-63.
[41] HANLEY N. Cost-benefit Analysis and the Environment[J]. Edward Elgar Publishing Limited，1993：17-20.
[42] DIAKOULAKI D，ZERVORS A. Cost Benefit Analysis for Solar Water Heating Systems[J]. Energy Conversion and Management，2001，42：1727-1739.
[43] 李振东. 环保投资的费用效益分析[J]. 中国环保产业，2002，Z1：44-46.
[44] 魏国梁，沈金福. 环境保护项目费用效益评价方法[J]. 环境科学与技术，2005，28（5）：66-67.
[45] 周长波，张振家，曾庆荣，等. 啤酒废水治理[J]. 工业水处理，2001，21（11）：44-46.
[46] 彭园花，龙成梅，曾祥钦，等. 黑液生物处理研究进展[J]. 中国造纸学报，2006，21（3）：99-101.
[47] 张运华，李孟. 冶金工业综合废水回用技术研究与应用效果[J]. 武汉理工大学学报，2009，31（12）：87-90.
[48] WANG XIQIN，ZHANG YANHUI. Pollution Status and Countermeasures of Liaohe Drainage Basin in Liaoning Province[J]. Environmental Protection Science，2007，333：26-31.
[49] 万金泉. 造纸工业废水处理技术及工程实例[M]. 北京：化学工业出版社，2008.
[50] SINGHAL A，THAKUR I S. Decolourization and Detoxification of Pulp and Paper Mill Effluent by Cryptococcus sp[J]. Biochemical Engineering Journal，2009，46：21-27.
[51] TSANG Y F，CHUA H，SIN S N，et al. A Novel Technology for Bulking Control in Biological Wastewater Treatment Plant for Pulp and Paper Making Industry[J]. Biochemical Engineering Journal，2006，32：127-134.
[52] KEUP L E，INGRAM W M，MACKENTHUN K M. Biology of Water Pollution. A Collection of Selected Papers on Stream Pollution，Waste Water，and Water Treatment[J]. Water Pollution and Control，1967，03（01）：298.
[53] THOMPSON G，SWAIN J，KAY M，et al. The Treatment of Pulp and Paper mill effluent：a review[J]. Bioresource Technology，2001，77：275-286.
[54] LI CONG，ZHONG SHENGJUN，DUAN LIANG，et al. Evaluation of Petrochemical Wastewater Treatment Technologies in Liaoning Province of China[J]. Procedia Environmental Sciences，2011，10：2798-2802.
[55] 马伟. 易学 C#[M]. 北京：人民邮电出版社，2009.
[56] BRANDLEY J C，MILLSPAUGH A C. Programming in C#.NET[M]. Beijing：Tsinghua University Press，2005.
[57] FORGONE D，HARRY D. ASP.NET 1.1 数据库入门经典[M].北京：清华大学出版社，2005.
[58] DONG BO-RU. Concurrent Engineering Information Integration Framework model[J]. Chinese Journal of Computational Mechanics，1998，15（4）：456-458.
[59] LU Z. A Mathematical Model for Access Mode of Contention-collision Cancellation in a Star LAN[J]. Journal of Electronics & Information Technology，2004，21（1）：37-47.
[60] 李用江. 基于 ADO.NET 的多媒体数据库存取技术的研究[J]. 计算机应用，2003，23（11）：149-152.
[61] 易平. ADO.NET 中 DataSet 角色分析与应用[J]. 计算机与数字工程，2005，33（10）：56-62.

[62] 华国栋，刘文予. 基于ADO.NET的数据库访问及其性能优化[J].计算机应用研究，2003，21（6）：215-218.

[63] 鲁保玉，杨新芳. 用Delphi生成Word报告及动态结构表格[J].计算机软件与应用，2007，4（3）：180-183.

[64] 李丛，段亮，宋永会，等. 辽河流域水污染治理技术评估软件的开发与应用[J]. 环境工程技术学报，2011，1（4）：348-352.